Antonio Carlos da Fonseca Bragança Pinheiro
Marcos Crivelaro

Planejamento e Custos de Obras

1ª Edição

érica

saraiva EDUCAÇÃO | érica

Av. Dra. Ruth Cardoso, 7221, 1º Andar, Setor B
Pinheiros – São Paulo – SP – CEP: 05425-902

SAC | Dúvidas referente a conteúdo editorial, material de apoio e reclamações: sac.sets@somoseducacao.com.br

Direção executiva Flávia Alves Bravin
Direção editorial Renata Pascual Müller
Gerência editorial Rita de Cássia S. Puoço
Editora de aquisições Rosana Ap. Alves dos Santos
Editoras Paula Hercy Cardoso Craveiro
Silvia Campos Ferreira
Assistente editorial Rafael Henrique Lima Fulanetti
Produtor editorial Laudemir Marinho dos Santos
Serviços editoriais Juliana Bojczuk Fermino
Kelli Priscila Pinto
Marília Cordeiro

Preparação Clara Diament
Editoração MKX Editorial
Capa Maurício S. de França
Impressão e acabamento

DADOS INTERNACIONAIS DE CATALOGAÇÃO NA PUBLICAÇÃO (CIP)
(CÂMARA BRASILEIRA DO LIVRO, SP, BRASIL)

Pinheiro, Antonio Carlos da Fonseca Bragança
Planejamento e custos de obras / Antonio Carlos da Fonseca Bragança Pinheiro / Marcos Crivelaro. 1. ed. -- São Paulo : Érica, 2014.

Bibliografia.
ISBN 978-85-365-0778-1

1. Canteiros de obras - planejamento 2. Construção 3. Construção - Custos 4. Construção - Planejamento 5. Orçamento I. Crivelaro, Marcos. II. Título.

14-03534 CDD-690

Índices para catálogo sistemático:
1. Computadores : Montagem:
1. Obras : Execução : Construção civil 690
2. Obras: Planejamento : Construção civil 690

1ª edição
6ª tiragem: 2019

CO 10512 CL 640584 CAE 585355

Agradecimento

Ao Instituto Federal de Educação, Ciência e Tecnologia de São Paulo (IFSP) - autarquia federal de ensino gratuito –, que, pelo exercício do magistério, nos permitiu a aquisição de experiência docente e a convivência com alunos do ensino técnico do curso técnico de nível médio em Edificações.

Ao Centro Estadual de Educação Tecnológica Paula Souza (CEETEPS), que, por meio das Escolas Técnicas Estaduais (ETEC) Getúlio Vargas, Guaracy Silveira e Martin Luther King - instituições paulistas de ensino gratuito –, nos possibilitou aprimoramento profissional mediante a prática docente exercida no ensino técnico de nível médio em cursos de construção civil.

Ao corpo docente das instituições citadas, pelo convívio repleto de alegria e troca de conhecimentos.

Às empresas do setor privado fornecedoras de materiais e prestadoras de serviços, que sempre colaboraram em palestras, minicursos e doações voluntárias.

Às instituições de ensino e pesquisa que permitiram a obtenção de titulação na graduação e no *stricto sensu*: Universidade Presbiteriana Mackenzie (UPM), Escola Politécnica da Universidade de São Paulo (EPUSP) e Instituto de Pesquisas Energéticas e Nucleares (Ipen-USP).

Os autores

Este livro possui material digital exclusivo

Para enriquecer a experiência de ensino e aprendizagem por meio de seus livros, a Saraiva

Educação oferece materiais de apoio que proporcionam aos leitores a oportunidade de ampliar seus conhecimentos.

Nesta obra, o leitor que é aluno terá acesso ao gabarito das atividades apresentadas ao longo dos capítulos. Para os professores, preparamos um plano de aulas, que o orientará na aplicação do conteúdo em sala de aula.

Para acessá-lo, siga estes passos:

1) Em seu computador, acesse o link: http://somos.in/PCO1

2) Se você já tem uma conta, entre com seu login e senha. Se ainda não tem, faça seu cadastro.

3) Após o login, clique na capa do livro. Pronto! Agora, aproveite o conteúdo extra e bons estudos!

Qualquer dúvida, entre em contato pelo e-mail suportedigital@saraivaconecta.com.br.

Sobre os autores

Antonio Carlos da Fonseca Bragança Pinheiro é bacharel em Engenharia Civil pelo Mackenzie e doutor em Engenharia Civil pela Escola Politécnica da Universidade de São Paulo (Epusp). Na área de construção civil, foi chefe de departamento de projetos, gerente de engenharia e diretor técnico. Foi professor e diretor da Escola de Engenharia da Universidade Presbiteriana Mackenzie, foi diretor de campus, coordenador e docente na área de construção civil do Instituto Federal de São Paulo (IFSP). É docente da Faculdade de Tecnologia de São Paulo (Fatec-SP), da Universidade Cidade de São Paulo (Unicid) e da Universidade Cruzeiro do Sul (Unicsul).

Marcos Crivelaro é bacharel em Engenharia Civil pela Epusp e pós-doutor em Engenharia de Materiais pelo Instituto de Pesquisas Energéticas e Nucleares de São Paulo (Ipen-USP). Na área de construção civil, foi diretor de engenharia e planejamento de obras residenciais e comerciais de grande porte. É professor da área de construção civil do Instituto Federal de São Paulo (IFSP) e da Faculdade de Tecnologia de São Paulo (Fatec-SP). É pesquisador no curso de mestrado do Centro Paula Souza.

Sumário

Apresentação

O livro Planejamento e Custos de Obras é de fundamental importância para estudantes e profissionais que desejam realizar o planejamento e apropriar os custos de obras de edificações.

No Capítulo 1, Planejamento na construção de edificações, apresentam-se os setores presentes em uma empresa construtora de edificações e suas interligações. É indicado como realizar o cálculo da produtividade na construção de edificações, bem como os tipos de edificações. Também são apresentados o diagrama causa-efeito e modelos de fluxogramas de processos, além do ciclo de vida de um projeto.

O Capítulo 2, Administração do planejamento de obras de edificações, apresenta modelos de estrutura e organogramas de empresas construtoras. Expõe a matriz de responsabilidades como documento institucional sobre a delegação de responsabilidades. É apresentada a descrição dos cargos como ferramenta para o processo de recrutamento, seleção e desenvolvimento de pessoal. É, também, apresentado o treinamento de pessoas (*coaching*). Para que o gestor possa fazer a tomada de decisão baseada em valores financeiros, é apresentada a árvore de decisões. Para a administração do processo produtivo, demonstram-se o ciclo PDCA, o diagrama dente de serra e a curva ABC para estoques.

No Capítulo 3, Planilhas orçamentárias de obras de edificações, define-se a importância das planilhas de custos unitários, bem como a influência dos encargos sociais e do BDI. São apresentadas a montagem de planilha orçamentária e a importância do CUB para a construção civil, bem como técnicas de precificação.

O Capítulo 4, Métodos quantitativos de controle de obras de edificações, introduz os gráficos de controle para obras de edificações, expondo os métodos de levantamento quantitativos da obra. São apresentados gráficos de controle como o cronograma físico, físico-financeiro, diagrama PERT-CPM, histograma de pessoal, histograma de materiais, curva S e a curva ABC de atividades.

Finalmente, o Capítulo 5, Análise econômica e mercadológica de empreendimentos, aborda a engenharia econômica e a importância dos juros nos gastos da construção de uma edificação. São apresentadas as modalidades de contratos e estudo de mercadologia, envolvendo as demandas de mercado, as orientações das empresas para ações no mercado e a análise do ambiente de negócios.

Os autores

1

Planejamento na Construção de Edificações

Para começar

Este capítulo tem por objetivo apresentar os setores de uma empresa construtora de edificações. Indicam-se como calcular a produtividade na construção de edificações e os tipos de edificações. Também são apresentados o diagrama causa e efeito e o fluxograma de processos. Por fim, é definido o ciclo de vida de projeto.

O planejamento é um dos principais fatores para o sucesso de qualquer empreendimento. Em algumas construtoras existe um departamento dedicado ao planejamento de todas as suas atividades. Para fazer o planejamento é necessário haver contato com todos os outros setores da empresa, bem como com fornecedores, prestadores de serviços terceirizados e demais empresas e pessoas envolvidas na execução de um empreendimento.

A interação do setor de planejamento com os demais setores da empresa pode, por exemplo, se dar das seguintes maneiras:

» Alta administração: a alta administração é a direção da empresa. Ela informa ao setor de planejamento os contratos vigentes para construção de empreendimentos, os valores envolvidos, as condições das construções e os prazos de execuções. Os documentos que deverão ser disponibilizados para o setor de planejamento são o contrato de construção, os pré-projetos e respectivos memoriais relacionados a cada empreendimento.

» Setor de engenharia: este setor coordena os setores de arquitetura, de projetos de engenharia, obras, fábrica e o setor de depósito. Ele irá disponibilizar para o setor de planejamento os projetos, memoriais e relatórios, desenvolvidos pelos setores a ele subordinados.

» Setor de arquitetura: este setor deverá informar quais os materiais que devem ser utilizados na construção da edificação. Na informação do produto deverão constar o tipo, a marca e o fabricante, bem como se existem materiais similares. Os documentos que deverão ser disponibilizados para o setor de planejamento são as plantas de execução, os memoriais descritivos e os memoriais executivos.

» Setor de projetos de engenharia: este setor deverá informar ao setor de planejamento quais as atividades de engenharia que serão realizadas na obra. Os documentos que deverão ser disponibilizados para o setor de planejamento são os projetos de implantação da obra, de fundações, de estruturas, de instalações elétricas, de telefonia, de segurança, de automação, de instalações hidráulicas, de telhados e outros projetos pertinentes a cada tipo de empreendimento. Devem ser entregues, também, os memoriais descritivos, os memoriais executivos e as tabelas quantitativas.

» Setor de obras: este setor deverá informar mensalmente ao setor de planejamento, durante a execução de cada obra, as medições dos serviços realizados, a quantidade de materiais e de mão de obra utilizada, o acompanhamento de cronogramas, além de relatórios sobre testes de novos materiais e aditivos necessários de serviços ao projeto original.

» Setor de fábrica: este setor deverá informar mensalmente ao setor de planejamento o andamento da produção industrial de cada obra e a mão de obra envolvida como, por exemplo, no caso de fabricação de elementos pré-fabricados de concreto armado ou elementos de estruturas metálicas, como, por exemplo, de elementos pré-fabricados. Serão entregues relatórios consolidados sobre a produção, bem como de testes de novos materiais e novas tecnologias.

» Setor de depósito: este setor deve informar ao setor de planejamento todo material que entra e que sai, suas características, quantidades, e para que empreendimento foram comprados, bem como as quantidades e datas de suas saídas. Deverá informar, também, os atrasos de recebimento e as não conformidades observadas. Os documentos que deverão ser disponibilizados para o setor de planejamento são relatórios consolidados.

» Setor comercial: este setor coordena os setores de marketing e de vendas. Ele irá disponibilizar para o setor de planejamento os relatórios consolidados, gerados pelos setores a ele subordinados.

» Setor de marketing: este setor coordena o setor de vendas. Ele faz o estudo de mercado para o lançamento do empreendimento e é responsável por todas as ações de prospecção e contato com o consumidor, bem como pelo acompanhamento do mix de comunicação da empresa. Ele informa ao setor de planejamento as preferências e expectativas dos consumidores com relação aos produtos oferecidos pela empresa. Os documentos que deverão ser disponibilizados para o setor de planejamento são relatórios consolidados sobre o comportamento do consumidor em relação aos produtos oferecidos pela empresa e sobre sua imagem no mercado.

- » Setor de vendas: este setor realiza as vendas dos empreendimentos antes, durante e após a construção das edificações. Ele informa ao setor de planejamento o andamento da realização de negócios da empresa. Os documentos que deverão ser disponibilizados para o setor de planejamento são relatórios consolidados de vendas dos empreendimentos.
- » Setor de financeiro: este setor coordena os setores contábil, de tesouraria, de contas a pagar e contas a receber. Ele irá disponibilizar para o setor de planejamento os relatórios consolidados, gerados pelos setores a ele subordinados. Cabe a esse setor, também, informar o custo da utilização do dinheiro a ser aplicado na obra e, se for o caso, quais as documentações necessárias para um financiamento bancário. É importante lembrar que a maioria das construtoras não tem dinheiro suficiente para custear todo o valor envolvido na construção de uma edificação. Daí a necessidade de contratar um financiamento bancário até haver o retorno financeiro. Os documentos que, também, deverão ser disponibilizados para o setor de planejamento são relatórios financeiros consolidados.
- » Setor contábil: este setor informa os dados reais de pagamentos de obras anteriores, bem como faz o acompanhamento de pagamentos relacionados às obras em andamento. Os documentos que deverão ser disponibilizados para o setor de planejamento são relatórios consolidados de acompanhamento contábil.
- » Setor de tesouraria: este setor deverá ser informado pelo setor de planejamento, antes da realização de cada empreendimento, quais as necessidades financeiras relacionadas e a data de suas utilizações. Os documentos que deverão ser disponibilizados para o setor de planejamento são relatórios dos recursos destinados a cada empreendimento para utilização futura.
- » Setor de contas a pagar: este setor faz os pagamentos envolvidos para a realização da obra. Ele informa ao setor de planejamento o andamento dos pagamentos da empresa, relacionando-os a cada empreendimento. Os documentos que deverão ser disponibilizados para o setor de planejamento são relatórios consolidados dos pagamentos efetuados por empreendimento.
- » Setor de contas a receber: este setor atua na cobrança dos valores a receber pela empresa. Ele informa ao setor de planejamento a entrada de recursos provenientes dos recebimentos relativos a cada empreendimento. Os documentos que deverão ser disponibilizados para o setor de planejamento são relatórios consolidados de receitas dos empreendimentos.
- » Setor de administração: este setor coordena os setores jurídico, de informática e de compras. Ele irá disponibilizar para o setor de planejamento os relatórios consolidados, gerados pelos setores a ele subordinados. Ele informa, também, ao setor de planejamento os gastos do escritório central com cada empreendimento. Os documentos que deverão ser disponibilizados para o setor de planejamento são relatórios consolidados de gastos do escritório central com cada empreendimento.
- » Setor jurídico: este setor deverá informar ao setor de planejamento a documentação técnica recebida de cada empreendimento (documentação legal do terreno, orçamento, cronograma físico-financeiro, memorial descritivo, memorial executivo etc.), para ser enviada aos órgãos públicos competentes. Os documentos que deverão ser disponibilizados para o setor de planejamento são relatórios consolidados para cada empreendimento.

» Setor de informática: este setor deverá informar ao setor de planejamento os filtros relacionados a cada empreendimento. Os documentos que deverão ser disponibilizados para o setor de planejamento são relatórios consolidados de cada empreendimento.

» Setor de compras: este setor deverá informar ao setor de planejamento os materiais em programação de compra, seus valores, quantidades, prazos e locais de entrega, além dos profissionais do setor envolvido em cada compra. Os documentos que deverão ser disponibilizados para o setor de planejamento são relatórios consolidados sobre as atividades de compra.

A Figura 1.1 apresenta membros da alta administração e do setor de obras: podemos ver membros da alta administração reunidos no escritório (a). A pauta desse tipo de reunião envolve confecção de propostas orçamentárias a serem enviadas aos clientes, análise de projetos recebidos de fornecedores e acompanhamento de relatórios gerenciais. A Figura 1.1 (b) apresenta dois profissionais da área de construção civil verificando um projeto antes de iniciar a confecção de vedações verticais compostas de alvenaria de blocos cerâmicos.

AVAVA/Shutterstock.com

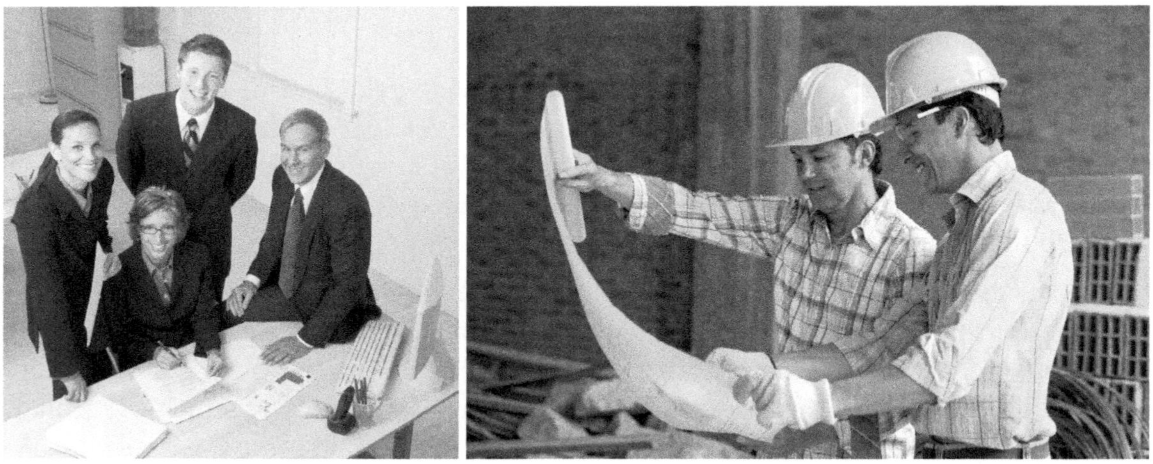

Andresr/Shutterstock.com

(a) (b)

Figura 1.1 - (a) Membros da alta administração (b) e do setor de obras.

Planejar a execução de um empreendimento significa realizar um plano de trabalho que indique quais recursos financeiros, humanos e materiais serão necessários para sua execução e em que instante do tempo eles devem ser utilizados. O planejamento é, então, uma previsão de recursos, sem os quais a execução do empreendimento seria prejudicada.

Assim, a atividade de planejar é baseada em hipóteses de desempenho de todas as pessoas e empresas que estariam envolvidas na execução do empreendimento. Assim, quando planejamos a execução de um empreendimento sabemos o tempo que irá durar sua construção e, portanto, a data de término da obra. Nesse caso, o risco de a obra atrasar é inerente ao processo de planejamento.

Figura 1.2 - Exemplo de organograma de empresa construtora.

Fique de olho!

Os setores de uma empresa construtora dependem de seu porte e das características culturais da organização.

1.1 Produtividade na construção de edificações

A produção é uma medida que avalia os resultados e uma atividade, por exemplo, a área de parede que foi construída por determinado pedreiro em um período de tempo. Conhecer a produção é importante para a realização do planejamento e controle de produção (PCP), que irá decidir sobre o melhor uso dos recursos para a produção.

A produtividade é a capacidade de se produzir mais utilizando cada vez menos recursos em menos tempo. Assim, quando se fala em produtividade, a intenção é diminuir o uso de recursos materiais, mão de obra, máquinas, equipamentos etc. O foco da produtividade é a redução de custos da produção para a melhoria competitiva no mercado.

A Figura 1.3 apresenta um operário da construção civil instalando um isolante térmico na parede feita de madeira. É uma operação construtiva de grande produtividade porque se baseia em pregar um revestimento (tecido) junto à vedação vertical feita de madeira.

Figura 1.3 - Aplicação de revestimento térmico.

A construção de uma edificação é caracterizada pela sua construção em uma posição prefixada. A construção de edificações pode ser classificada em:

» Edificações convencionais: são executadas de forma artesanal, com equipamentos e ferramentas tradicionais.

» Edificações pré-fabricadas: são executadas de forma padronizada, com os elementos pré-fabricados executados em fábricas e posteriormente montados no local da obra.

» Edificações industrializadas: são executadas de forma padronizada, com os elementos executados na obra, por meio de gabaritos e moldes.

A Figura 1.4 apresenta um conjunto habitacional de grande porte. É um tipo de edificação convencional executada de forma artesanal. Por isso, existem programas de controle de qualidade que buscam melhorar a produtividade e a qualidade da construção civil.

Figura 1.4 - Conjunto habitacional de grande porte: exemplo de edificação executada de forma artesanal.

A Figura 1.5 apresenta uma obra de grande complexidade, um hospital. É complexo pela grande quantidade de quartos, ambulatórios, salas de cirurgia e porque possui muitas instalações prediais, por exemplo, hidráulicas, elétricas e de gases medicinais. Os revestimentos de pisos e paredes devem ser facilmente laváveis e higienizados. Os ambientes devem ser mantidos sob temperaturas controladas.

Figura 1.5 - Hospital de grande porte: obra de elevada complexidade.

A Figura 1.6 apresenta um painel pré-moldado destinado à montagem de uma fachada de um edifício comercial. É possível perceber que os vidros estão incorporados ao painel.

Figura 1.6 - O painel pré-moldado é um exemplo de edificação pré-fabricada.

A Figura 1.7 apresenta um operário encaixando uma parte de uma laje pré-moldada junto a uma viga também pré-moldada. Trata-se de uma operação de montagem de peças previamente fabricadas no canteiro de obras. No local de montagem não existem materiais de construção, tais como tijolos, areia e cimento, espalhados pelo chão.

Dmitry KalinovskyShutterstock.com

Figura 1.7 - Montagem de laje pré-moldada.

A Figura 1.8 apresenta uma casa de madeira executada de forma padronizada. Isso é facilitado pela sua simplicidade e pequena quantidade de elementos que compõem a casa.

stocksolutions/Shutterstock.com

Figura 1.8 - Casa de madeira industrializada.

A produtividade pode ser estimada com a expressão:

$$D = (Q \times IP) / (N \times h)$$

Em que: D = duração do serviço

Q = quantidade de serviço

IP = índice de produtividade

N = número de pessoas que irão executar a atividade

h = número de horas diárias disponíveis para a atividade

Exemplo

Em uma edificação, é necessário executar 210 m^2 (2,80 m de altura × 75 m de comprimento – obtidos da planta de execução) de alvenaria de vedação com blocos cerâmicos furados 9 × 19 × 19 cm (furos horizontais), espessura de 19 cm, juntas de 12 mm com argamassa mista de cimento, cal hidratada e areia sem peneirar traço 1:2:8. A produtividade média do pedreiro é 1,50 h/m^2, a do servente é de 1,92 h/m^2, e o trabalho será executado em jornadas diárias de 8 horas.

1) Quantos dias úteis serão necessários se somente houver um pedreiro e um servente?

2) Quantos pedreiros e ajudantes serão necessários para que a parede seja executada em 5 dias úteis?

Solução

Atividade = execução de alvenaria de blocos cerâmicos

Serviço (Q) = 210 m^2 de alvenaria de blocos cerâmicos

Quantidade de pedreiros ($N_{PEDREIRO}$)

Produtividade média de pedreiro ($IP_{PEDREIRO}$) = 1,50 horas-homem/m^2

Quantidade de ajudantes ($N_{AJUDANTE}$)

Produtividade média de ajudantes ($IP_{AJUDANTE}$) = 1,92 horas-homem/m^2

Tempo de trabalho (h) = 8 horas/dia

Caso 1

Duração do serviço (D) = ?

Quantidade de pedreiros ($N_{PEDREIRO}$) = 1

Quantidade de ajudantes ($N_{AJUDANTE}$) = 1

Duração do serviço de pedreiro ($D_{PEDREIRO}$) = ($Q \times IP_{PEDREIRO}$) / ($N_{PEDREIRO} \times h$)

$= (210 \times 1{,}5) / (1 \times 8) \approx 40$ dias

Duração do serviço de servente ($D_{SERVENTE}$) = ($Q \times IP_{SERVENTE}$) / ($N_{SERVENTE} \times h$)

$= (210 \times 1{,}92) / (1 \times 8) \approx 51$ dias

Portanto, serão necessários 51 dias para executar a parede.

Caso 2

Quantidade de pedreiros ($N_{PEDREIRO}$) = ?

Quantidade de ajudantes ($N_{AJUDANTE}$) = ?

Duração do serviço (D) = 5 dias

a) $N_{PEDREIRO} = (Q \times IP_{PEDREIRO}) / (D \times h)$

$= (210 \times 1{,}5) / (5 \times 8) = 7{,}88 \approx 8$ pedreiros

b) $N_{SERVENTE} = (Q \times IP_{SERVENTE}) / (D \times h)$

$= (210 \times 1{,}92) / (5 \times 8) = 10{,}08 \approx 10$ serventes

Portanto, serão necessários 8 pedreiros e 10 serventes para executar a parede em 5 dias, com jornada diária de 8 horas.

Para o aumento da produtividade, é importante ter ações como:

» equipamentos adequados e disponíveis nas datas previstas no planejamento;

» mão de obra qualificada e adequadamente quantificada para cada atividade;

» materiais de qualidade, com quantidade, preço e prazo de entrega adequados;

» terceiros contratados quando necessário.

Lembre-se

O planejamento é uma concepção de trabalho que é diretamente relacionada à cultura da empresa e suas tecnologias.

Fique de olho!

Para a determinação da produtividade, é importante saber o que será feito (memorial descritivo) e como será feito (memorial executivo):

» Memorial descritivo: é o documento que descreve os materiais e acabamentos a serem empregados na construção da edificação.

» Memorial executivo: é o documento que descreve todos os procedimentos tecnológicos que devem ser adotados para a execução das atividades da obra.

1.2 Diagrama de causa e efeito

Esse diagrama de controle, também chamado de diagrama de Ishikawa ou diagrama espinha de peixe, foi desenvolvido por Kaoru Ishikawa, da Universidade de Tóquio, em 1943, e por ele aplicado pela primeira vez na Kawasaki Steel Works.

Ele é formado por uma seta horizontal que aponta para o efeito observado (sintoma), ou uma necessidade não satisfeita, ou uma irregularidade observada. Esse diagrama ajuda na determinação das sucessivas causas, suas intensidades e efeitos. A Figura 1.9 apresenta o diagrama de causa e efeito e sua similaridade com a espinha de peixe.

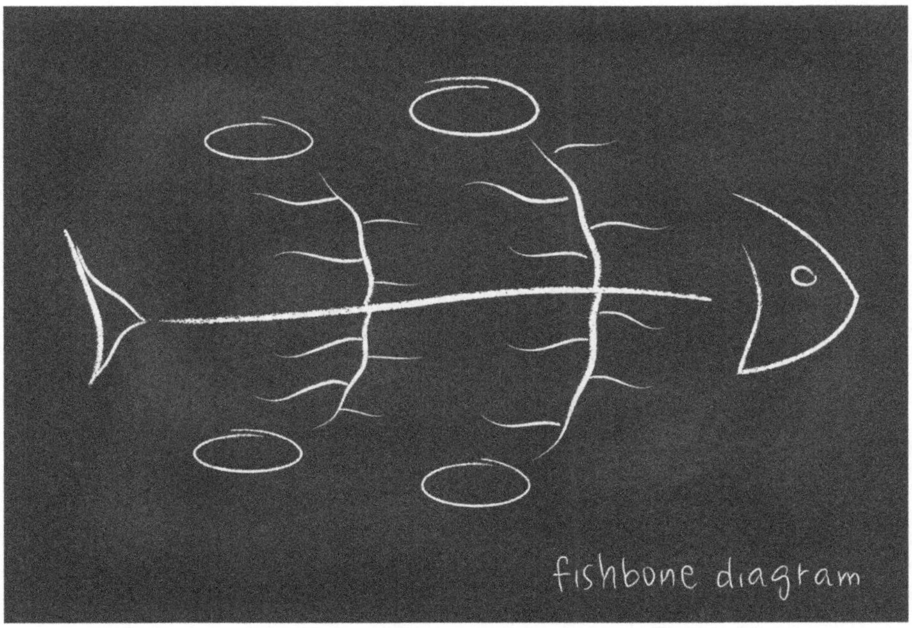

Concept use/Shutterstock.com

Figura 1.9 - Diagrama de causa e efeito ou espinha de peixe.

Por exemplo, a Figura 1.10 apresenta os possíveis fatores intervenientes na qualidade de uma alvenaria. Ela mostra que a qualidade da alvenaria pode depender de três fatores: materiais, mão de obra e tecnologia. A qualidade dos materiais depende do preço, da disponibilidade, do fabricante e do armazenamento. A qualidade da mão de obra depende da qualificação, da quantidade, da remuneração e da motivação. E, por fim, a qualidade da tecnologia depende das máquinas, das ferramentas e do projeto.

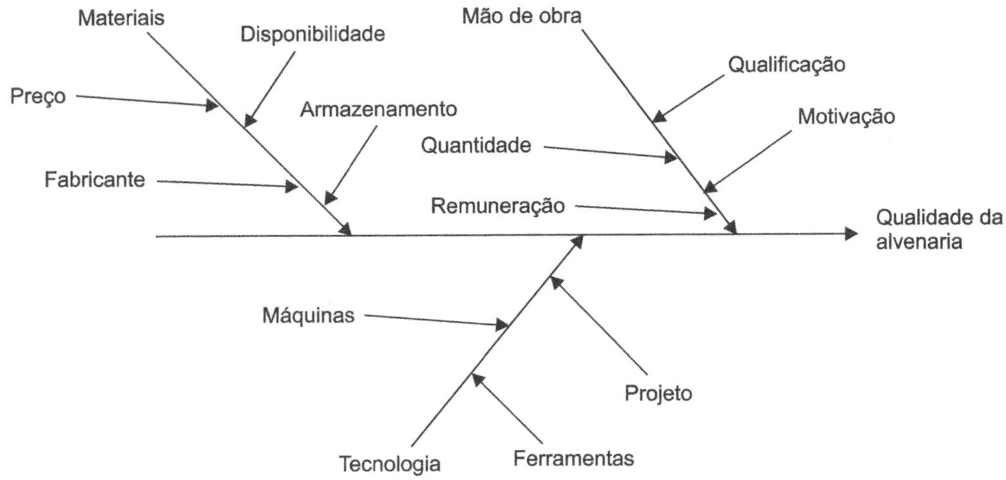

Figura 1.10 - Diagrama de causa e efeito para a qualidade da alvenaria.

1.3 Fluxogramas de processos

Os fluxogramas são diagramas que indicam os fluxos das operações de entrada, processamento e saída.

A palavra fluxograma vem do inglês *flow-chart* (*flow* = fluxo + *chart* = gráfico). Assim, é uma técnica de representação gráfica que utiliza símbolos previamente convencionados, permitindo a descrição objetiva da sequência de um processo, sua análise e redesenho.

Os fluxogramas podem ser verticais ou horizontais.

1.3.1 Fluxograma vertical

É geralmente utilizado em linhas de produção, em que é possível dividir um grande processo em outros mais simples. Sua simbologia é apresentada na Tabela 1.1.

Tabela 1.1 - Simbologia de fluxograma vertical

Símbolos das ações	Símbolo	Ação	Totais (número de ocorrências da ação no fluxograma do exemplo da Tabela 1.2 - contar na vertical nas colunas de símbolos)	Total	Rotina de construção de alvenaria de elevação
	●	Análise ou operação		1	
	■	Execução ou inspeção		4	
	D	Demora ou atraso		0	
	▲	Arquivo provisório		0	
	▼	Arquivo definitivo		1	
	➡	Transporte		3	

Um exemplo de fluxograma vertical é apresentado na Tabela 1.2.

Tabela 1.2 - Fluxograma vertical para a construção de alvenaria de elevação

Ordem	Símbolos						Pessoas	Descrição dos serviços
1	○	□	D	△	▽	➡	Almoxarife	Recebe os materiais
2	●	□	D	△	▽	⇨	Almoxarife	Emite aviso de recebimento
3	○	□	D	△	▽	➡	Almoxarife	Entrega os materiais
4	○	□	D	△	▼	⇨	Almoxarife	Arquiva documento de entrega de materiais
5	○	□	D	△	▽	➡	Servente	Transporta os materiais
6	○	■	D	△	▽	⇨	Servente	Mistura a argamassa
7	○	■	D	△	▽	⇨	Pedreiro	Marca a posição da parede
8	○	■	D	△	▽	⇨	Pedreiro	Levanta a parede
9	○	■	D	△	▽	⇨	Pedreiro	Verifica esquadro, nível e prumo

O fluxograma vertical tem como vantagens a rapidez de preenchimento e a facilidade na leitura.

1.3.2 Fluxograma horizontal

Esse tipo de fluxograma pode ser descritivo ou de colunas:

» Fluxograma horizontal descritivo: descreve, por meio de símbolos, o fluxo de atividades, documentos e informações que acontecem em um processo.

» Fluxograma horizontal de colunas: nesse modelo as áreas envolvidas no fluxograma são representadas em colunas, facilitando a compreensão das atividades que ocorrem em cada setor do fluxograma.

A simbologia do fluxograma horizontal é apresentada na Tabela 1.3.

Tabela 1.3 - Simbologia de fluxograma horizontal

Nome	Descrição	Símbolo
Arquivo definitivo	É o arquivamento definitivo de documentação.	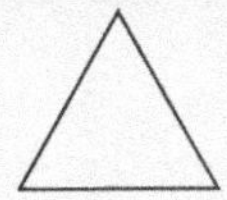
Arquivo provisório	É o arquivamento provisório de documentação.	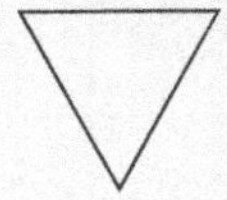
Conector de página	Indica onde continua a sequência do fluxo em outra página.	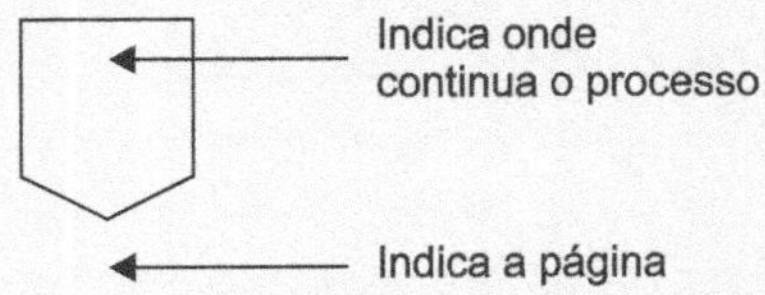
Conector de rotina	Indica onde continua a sequência do fluxo na rotina.	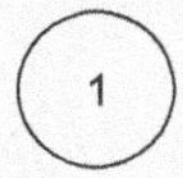
Decisão	Indica um ponto de ação condicionante.	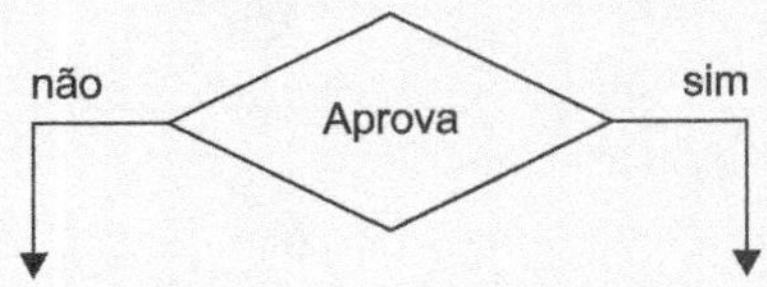
Documento	É qualquer documento criado ou transformado.	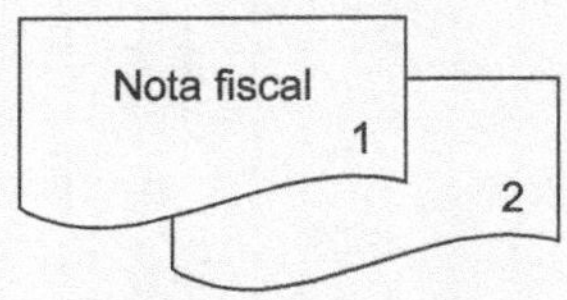
Executor	É a pessoa ou a função que executa a ação.	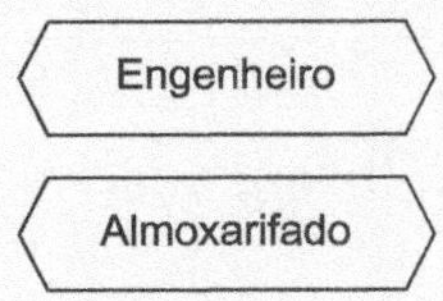
Informação verbal	São os contatos verbais entre os participantes do processo.	
Material	Indica o material que circula no processo.	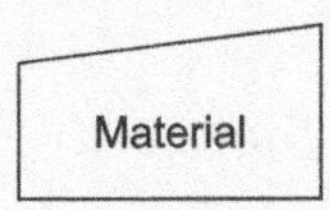
Operação	É qualquer ação, que é escrita dentro do símbolo.	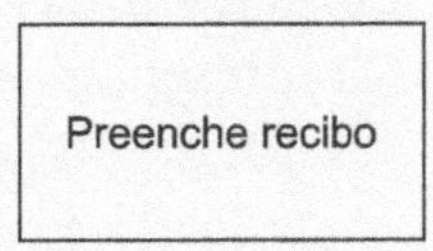
Sentido da circulação escrita	As setas interligam os símbolos, indicando o fluxo a ser seguido.	
Sentido da circulação verbal	As setas interligam os símbolos, indicando o fluxo a ser seguido.	

Nome	Descrição	Símbolo
Terminal	É o início ou o término de um processo, ou mesmo para indicar outro processo que não esteja no presente estudo.	Início Término Outra rotina

O fluxograma pode ser utilizado, por exemplo, para a compreensão do processo de compra de materiais. Esse diagrama pode ser aplicado a pequenas compras domésticas, ou para compras empresariais. No caso de compras domésticas, a Figura 1.11 apresenta um carrinho de supermercado com o material necessário à pequena reforma de uma casa. No carrinho estão presentes blocos, madeiras e telhas. Nesse caso, geralmente, não é realizado um fluxograma do processo, por serem compras domésticas.

No caso de compras corporativas é muito importante a realização e acompanhamento dos fluxogramas de compra, para que todos envolvidos no processo possam seguir os mesmos trâmites, e ser possível realizar a auditoria do processo de compra.

thieury/Shutterstock.com

Figura 1.11 - Carrinho de supermercado carregado de material.

A Figura 1.12 apresenta o fluxograma horizontal de colunas para a compra de materiais.

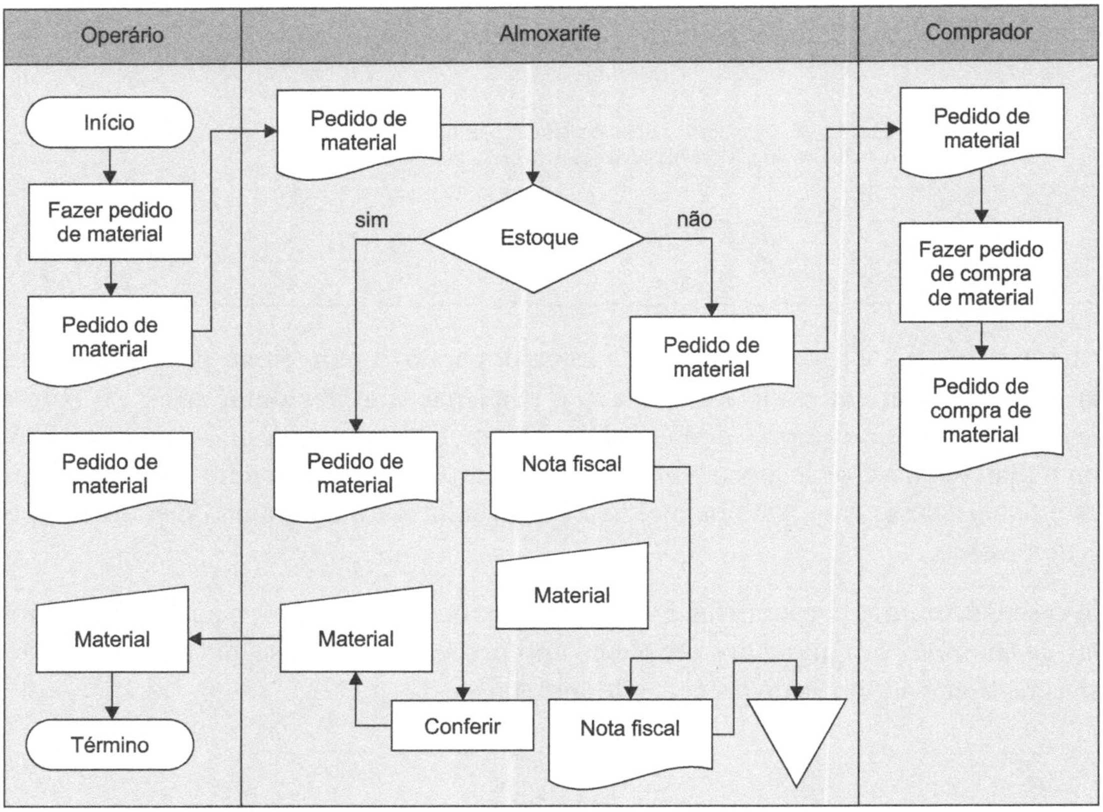

Figura 1.12 - Exemplo de fluxograma horizontal de colunas para o processo de compra de materiais em empresas construtoras.

A elaboração do fluxograma tem a participação de pessoas de vários setores da empresa; ele depende da tecnologia empregada e da cultura organizacional. Seu desenho adequado aumenta a produtividade da empresa e reduz custos operacionais.

A Figura 1.13 apresenta um almoxarifado de grande porte. É comum nos grandes empreendimentos a existência de amplos espaços reservados à estocagem de insumos destinados à construção civil.

SasinT/Shutterstock.com

Figura 1.13 - Um almoxarifado de grande porte utiliza grandes prateleiras e empilhadeiras para a movimentação de materiais.

1.4 Ciclo de vida de projeto

De maneira geral, o ciclo de vida do projeto de uma obra corresponde ao período de tempo que se inicia em sua concepção e termina na fase de início de sua operação. Quando falamos em projeto, nos referimos a todas as etapas necessárias para a operação de um empreendimento.

1.4.1 Processos do ciclo de vida de uma obra

Os processos do ciclo de vida de uma obra estão indicados a seguir e esquematizados na Figura 1.14. O gráfico é dividido em cinco etapas: processo de iniciação, processo de planejamento, processo de execução, processo de controle e processo de encerramento. Observando o gráfico, é possível perceber que a intensidade varia ao longo do gráfico em função do tipo de processo.

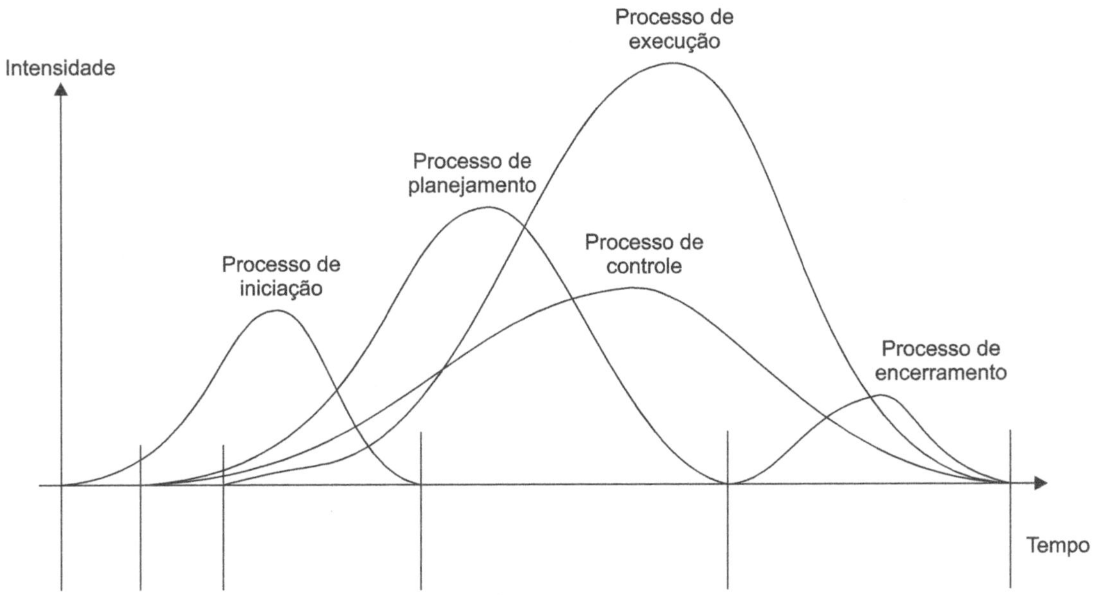

Figura 1.14 - Processos do ciclo de vida na construção de uma edificação.

1.4.1.1 Processo de iniciação

É a fase inicial do ciclo de vida de um projeto. Nessa fase o objetivo é o estudo de viabilidade do empreendimento, que é feito por meio da determinação dos fatores intervenientes no escopo geral do projeto (tecnologias, materiais e acabamentos a serem empregados, desenvolvedores de projetos e obra, prazos envolvidos).

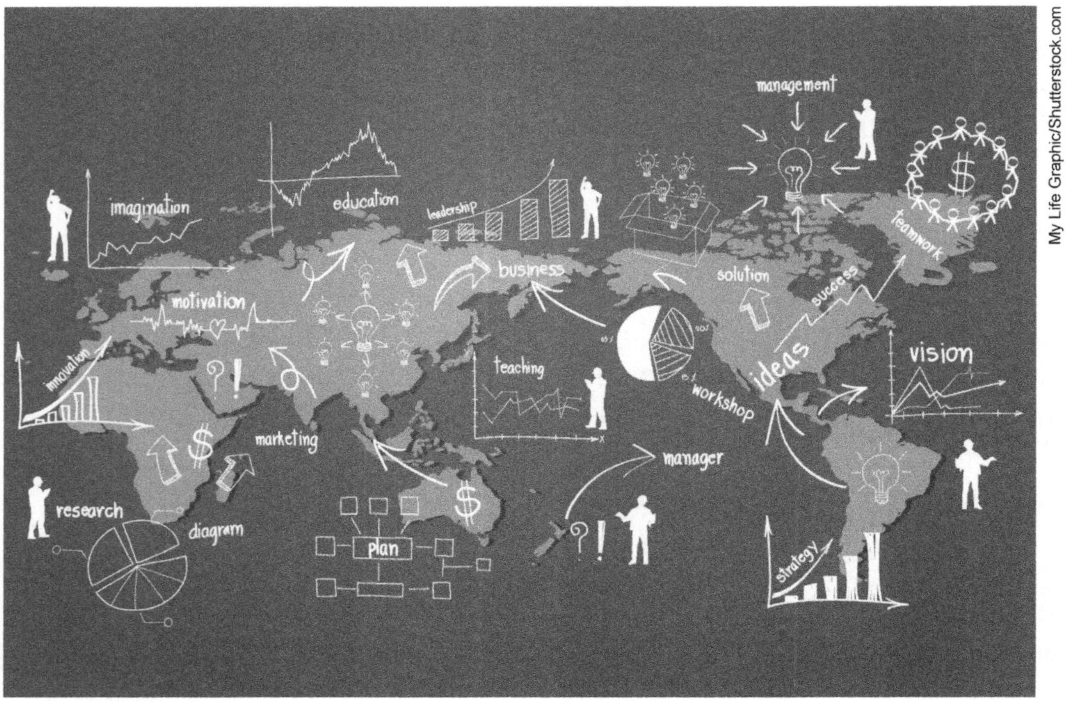

Figura 1.15 - Mapa-múndi repleto de diagramas e rascunhos feitos à mão. Esse pode ser o resultado de muitas análises e inspirações de equipes multidisciplinares que estão buscando alternativas de lugares para a instalação de novos empreendimentos comerciais e industriais, por exemplo.

Muitas vezes a decisão de onde serão instalados novos hotéis, fábricas e conjuntos de edifícios residenciais sofre influência de fatores econômicos e culturais de âmbito mundial a local.

1.4.1.2 Processo de planejamento

Nessa etapa são determinados os recursos (financeiros, de mão de obra, materiais e tempo) necessários para atingir os resultados pretendidos no empreendimento. Nela será feito o detalhamento do escopo do projeto em relação a resultados, prazos e recursos. Serão listadas as atividades necessárias para atingir os objetivos pretendidos. Será feito o sequenciamento dos processos facilitadores, com cronograma e orçamento viáveis, conforme os recursos disponíveis, obtendo-se a aprovação dos envolvidos e interessados no projeto.

ollyy/Shutterstock.com

Figura 1.16 - Vários métodos são utilizados na comunicação entre os membros: *softwares* de gestão e de planejamento, material escrito em lousas ou em grandes painéis em papel.

1.4.1.3 Processo de execução

Nessa etapa é muito importante a coordenação de pessoas e recursos disponíveis. É feito o gerenciamento das equipes de trabalho, reunindo os integrantes para informar os objetivos de cada serviço, com o intuito de solucionar conflitos durante a sua execução. Para tanto, deve-se assegurar os recursos necessários, de forma a poder executar o trabalho planejado. O gestor usa as informações surgidas na "linha de base" (*default* = padrão) para medir e controlar o desempenho das equipes de trabalho, lembrando que quanto maior o tempo gasto maiores podem ser os custos.

fulya atalay/Shutterstock.com

Figura 1.17 - Ponte em construção sobre um rio: para uma obra de grande porte, o processo de construção exige muita tecnologia e uma grande quantidade de recursos humanos, financeiros e de equipamentos.

Fique de olho!

Linha de base é o nome do plano de trabalho original, que serve para orientar em qual fase do projeto se está. Podemos ter a linha de base do escopo: declaração do escopo; a linha de base do custo: orçamento do projeto; a linha de base do cronograma: por exemplo, o diagrama de rede e o gráfico de Gantt e o plano de gerenciamento do projeto, que é o produto final do planejamento do empreendimento.

1.4.1.4 Processo de encerramento

Essa etapa é a fase final ou de conclusão do projeto. É nela que é formalizada a aceitação do projeto, ou o seu encerramento de forma organizada. Ela encerra todas as atividades. Aqui é avaliado o projeto, isto é, seus resultados. Tudo deve ser documentado. E, finalmente, é dissolvida a equipe do projeto (todo o pessoal envolvido em todas as fases).

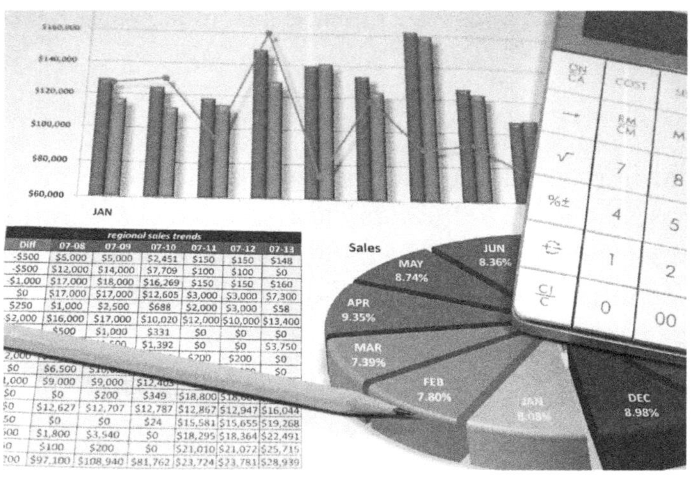

Chad McDermott/Shutterstock.com

Figura 1.18 - Planilhas, gráficos e calculadora são utilizados para a verificação da obtenção das metas de uma obra ao seu término.

1.4.1.5 Processo de monitoramento e controle

Essa fase ocorre simultaneamente às demais fases. Seu objetivo é assegurar o cumprimento dos objetivos, o monitoramento e a avaliação do progresso para melhoria das ações. Aqui é feito o monitoramento dos desvios de atividades, tempo e custos, tomando as ações corretas necessárias para harmonizar o executado e o programado. São avaliadas a necessidade de alterações diversas no projeto e sua reprogramação, se necessário, ajustando o nível de recursos, e procedendo aos ajustes que se fizerem precisos, obtendo a aprovação dos patrocinadores do projeto. Na fase de monitoramento, deve-se ajustar o processo contínuo da equipe e cumprir os seguintes passos:

» comparar com as linhas-base de custo, prazo e escopo;

» identificar quaisquer variações das linhas-base;

» responder conforme as necessidades.

A direção da obra deve revisar o progresso em comparação com as linhas de base, buscando resolver imediatamente os conflitos.

Monkey Business Images/Shutterstock.com

Figura 1.19 - Avaliação das medidas construtivas: a prática constante de verificar medidas é de fundamental importância para que não ocorram erros que posteriormente serão de difícil correção.

1.4.2 Processos na construção de edificação

Na construção de edificação, os processos e as fases são:

1.4.2.1 Processo de iniciação

Concepção, orçamento e estudo de viabilidade do empreendimento

» concepção do empreendimento;

» identificação das necessidades para realização do empreendimento;

» identificação de alternativas tecnológicas, equipes técnicas;

» orçamentos preliminares;
» estudo de viabilidade econômica.

1.4.2.2 Processo de planejamento

Projeto e planejamento da edificação

» elaboração de projetos executivos, memoriais descritivos e memoriais executivos;
» orçamentos detalhados;
» planejamento da execução da obra;
» elaboração e aprovação da documentação legal;
» elaboração de propostas técnicas e contratos;
» planejamento de treinamento da mão de obra;
» transferência de tecnologia (construção e testes de protótipos).

1.4.2.3 Processo de execução

Mobilização do canteiro de obras

» execução do canteiro de obras;
» contratação da mão de obra de execução;
» compra de materiais, equipamentos, ferramentas e máquinas.

Construção da edificação

» execução da edificação;
» controle da produção;
» controle da qualidade.

1.4.2.4 Processo de encerramento

Desmobilização do canteiro de obras

» elaboração dos projetos "*as built*" (como executado);
» treinamento de pessoal para a fase de operação e manutenção da edificação;
» transferência de materiais para outras obras ou almoxarifado central;
» limpeza final;
» relocação da mão de obra de execução;
» transferência para o pessoal de operação da responsabilidade pela edificação.

Figura 1.20 - Elaboração de correção de projetos (*as built*). Essa prática é adequada para que alterações ou correções executadas durante a obra sejam também executadas nos projetos finais, que servirão para as equipes de manutenção que atuarão com a edificação em uso.

1.4.2.5 Processo de monitoramento e controle

- apontamento da produtividade da mão de obra;
- acompanhamento dos serviços realizados *versus* serviços planejados;
- identificação de não conformidades;
- observação de procedimentos da qualidade;
- elaboração de relatórios de constatação.

Figura 1.21 - Um fiscal de obras exerce o processo de monitoramento e controle na fase de acabamento da obra, por exemplo, para verificar se as atividades em execução estão corretas.

A Figura 1.22 apresenta as cinco etapas do ciclo de uma obra. Uma ordem de grandeza dos valores percentuais dos custos envolvidos, em cada etapa do ciclo de projeto, é:

- Etapa 1: estudo de viabilidade do empreendimento – 2,4%.
- Etapa 2: projeto e planejamento da edificação – 5,8%.
- Etapa 3: mobilização do canteiro de obras – 2,4%.
- Etapa 4: construção da edificação – 87,5%.
- Etapa 5: desmobilização do canteiro de obras – 1,9%.

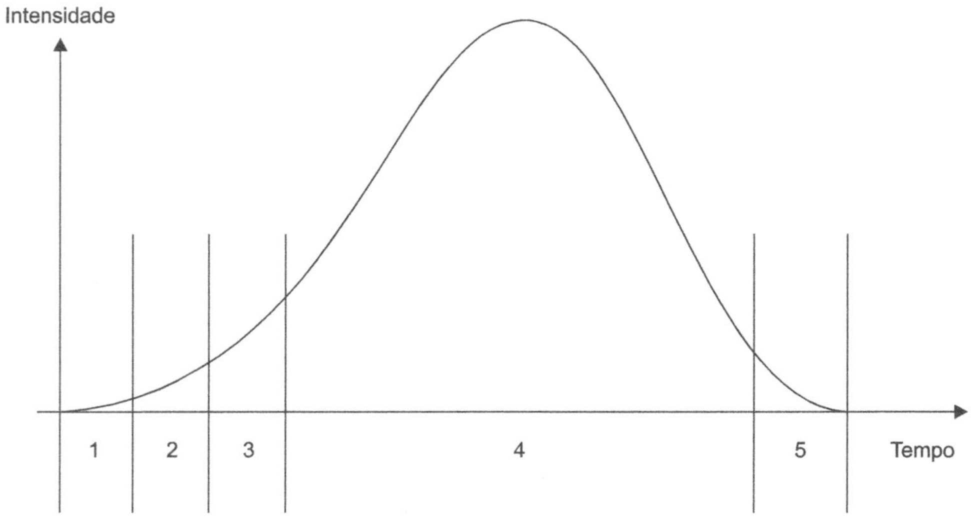

Figura 1.22 - Etapas do ciclo de vida de uma obra.

Figura 1.23 - Interior de um canteiro que está passando por desmobilização. Estão sendo retirados materiais não utilizados na obra, por exemplo, tubulações, perfis metálicos e pranchas de madeira.

Os valores percentuais médios de custos para uma residência são apresentados na Tabela 1.4.

Tabela 1.4 - Valores percentuais médios de custos para uma residência

Etapa	Variação do custo percentual
Projetos e aprovações	5% a 12%
Serviços preliminares	2% a 4%
Fundações	3% a 7%
Estrutura	14% a 22%
Alvenaria	2% a 5%
Cobertura	4% a 8%
Instalação hidráulica	7% a 11%
Instalação elétrica	5% a 7%
Impermeabilização/isolamento térmico	2% a 4%
Esquadrias	4% a 10%
Revestimento e acabamentos	15% a 32%

Os valores médios percentuais de custos para edifícios são apresentados na Tabela 1.5.

Tabela 1.5 - Valores percentuais médios de custos para um edifício

Etapa	Custo médio percentual
Despesas indiretas da obra	10%
Estudo de viabilidade	2%
Projetos e aprovações	5%
Canteiro de obras	1,5%
Serviços complementares	0,5%
Movimento de terra	1%
Fundações/arrimos	7%
Estrutura	19%
Alvenarias	3,5%
Revestimentos	17%
Esquadrias e ferragens	7,5%
Vidros	0,5%
Aparelhos sanitários e metais	2,5%
Pinturas	2%
Impermeabilizações	1%
Instalação elétrica	7%
Instalação hidráulica	5,5%
Instalações especiais	2%
Elevadores	4%
Limpeza	0,5%
Desmobilização	0,5%
Diversos	0,5%
TOTAL	100%

1.5 Plano de ações 5W2H

Um plano de ação é o planejamento de todas as ações necessárias para se atingir um resultado desejado em um determinado projeto. A ação principal é saber o que fazer, identificar e relacionar as atividades que farão parte do projeto.

Um plano de ação é um conceito, que ajuda na tomada de decisões. Os planos de ações podem ser simples ou complexos. No caso de planos de ação complexos, é necessária a criação de um documento formal para fins de arquivamento, reflexão e principalmente para a comunicação com as demais pessoas envolvidas no projeto.

Um plano de ação deve indicar tudo o que deverá ser feito e quando. Se a sua execução envolver mais de uma pessoa, deve ser informado quem será o responsável por cada uma das ações. Ele, também, deve informar a razão de cada uma das ações, como elas deverão ser realizadas e os custos envolvidos.

O plano de ações é um documento que serve para a coordenação e o controle das ações que deverão ser tomadas dentro de um prazo, em direção ao objetivo estipulado para o plano de ação. O plano de ação ajuda no planejamento para a solução de determinado problema, ou meta que se deseja alcançar.

O planejamento inicia-se com o levantamento de dados. Quanto maior a quantidade de ações e pessoas envolvidas, mais necessário e importante é ter um plano de ação. E quanto melhor o plano de ação, maior a garantia de atingir a meta.

O plano de ação 5W2H é representado por um formulário para execução e controle de tarefas, no qual são atribuídas as responsabilidades e é determinado como o trabalho deverá ser realizado. Determinam-se ainda o local, o motivo e o prazo para conclusão, juntamente com os custos envolvidos.

Esse plano pode ser chamado resumidamente de 5W2H, que é um mnemônico dos itens em inglês do check list que indica os pontos principais de um plano de ação:

» 5W

1 – *What* (o que será feito - Ação)

2 – *Who* (quem fará - Responsável)

3 – *When* (quando será feito - Prazo)

4 – *Where* (onde será feito - Local)

5 – *Why* (por que será feito - Justificativa)

» 2H

1 – *How* (como será feito - Procedimento)

2 – *How* much (quanto custará - Custo)

Também existe uma variação do plano de ação 5W2H, mas sem o "*How much*" (quanto custará), formando a sigla 5W1H.

É possível preparar planilhas em branco para o desenvolvimento de vários planos de ações presentes na execução de uma obra de edificação.

A Tabela 1.6 apresenta um exemplo de plano de ação 5W2H.

Tabela 1.6 - Plano de ação 5W2H para a realização das paredes internas do andar térreo

Plano de ação 5W2H							
Objetivo: Realização das paredes internas do andar térreo							
Item	Ação	Local	Responsável	Justificativa	Procedimento	Prazo	Custo
1	Preparação de 3 m^3 de argamassa	Betoneira do canteiro de obras	Servente	Para ser utilizada na alvenaria de elevação do andar térreo	Misturar cimento e areia média no traço 1:3.	1 h	R$ 300,00
2	Marcação de 20 m de parede interna	Andar térreo	Pedreiro	Marcar o local de construção da parede	Utilizar trena e planta executiva.	2 h	R$ 1.000,00
3	Levantamento de 60 m^2 de parede interna	Andar térreo	Pedreiro	Construir as paredes	Utilizar masseiro, régua, escantilhão, prumo de face, nível de mão, desempenadeira, colher de pedreiro.	16 h	R$ 4.000,00
4	Aplicação de argamassa de revestimento em 90 m^2 de parede interna	Andar térreo	Pedreiro	Revestir as paredes	Utilizar masseiro, régua, escantilhão, prumo de face, nível de mão, desempenadeira, colher de pedreiro.	40 h	R$ 6.000,00
5	Fixação de 6 batentes de portas internas	Andar térreo	Pedreiro	Fazer acabamentos	Utilizar martelo, prumo de face, nível de mão.	8 h	R$ 2.000,00
6	Limpeza	Andar térreo	Pedreiro	Limpar a obra	Utilizar vassoura e mangueira.	3 h	R$ 1.000,00

Amplie seus conhecimentos

Para conhecer o desempenho em uma obra é necessário fazer o apontamento de cada serviço, isto é, anotar o consumo de mão de obra e de materiais em cada atividade da obra.

Em uma obra, os itens de acabamento e revestimentos têm o custo total igual, ou maior, que os itens de fundações, estruturas, alvenaria e cobertura juntos. Para saber mais, acesse o site da Secretaria de Estado do Desenvolvimento Energético Sustentável do Estado de Sergipe. Lá eles apresentam a plataforma ORSE que será muito útil: <http://www.cehop.se.gov.br/orse/>

Vamos recapitular?

Vimos que uma construtora pode ter diversos setores. Vimos também que a produtividade é um fator importante para o sucesso de cada empreendimento. Foi apresentado o diagrama de causa e efeito como ferramenta para o diagnóstico e a correção de não conformidades. Abordamos ainda o fluxograma de processos e o ciclo de vida de uma obra.

Agora é com você!

1) Descreva o que é o ciclo de vida de um empreendimento.

2) Quais os valores médios de custos de serviços para uma casa térrea, considerando seu custo de R$ 100.000,00? Qual o custo total dos serviços do grupo A e do grupo B? Considere os itens:

<table>
<tr><th>Etapa</th><th>Grupo</th></tr>
<tr><td>Projetos e aprovações</td><td rowspan="7">A</td></tr>
<tr><td>Serviços preliminares</td></tr>
<tr><td>Fundações</td></tr>
<tr><td>Estrutura</td></tr>
<tr><td>Alvenaria</td></tr>
<tr><td>Cobertura</td></tr>
<tr><td>Impermeabilização/isolamento térmico</td></tr>
<tr><td>Instalação hidráulica</td><td rowspan="4">B</td></tr>
<tr><td>Instalação elétrica</td></tr>
<tr><td>Esquadrias</td></tr>
<tr><td>Revestimento e acabamentos</td></tr>
</table>

3) Em uma obra de edificação é necessário executar 100 m^2 de assentamento de piso cerâmico esmaltado 30 cm × 30 cm, assentado com argamassa pré-fabricada de cimento colante. A produtividade média do pedreiro é 0,44 h/m^2, e a do servente é de 0,22 h/m^2. O trabalho será executado em jornadas diárias de 8 horas.

a) Quantos dias úteis serão necessários se somente houver um pedreiro e um servente?

b) Quantos pedreiros e ajudantes serão necessários para que o piso cerâmico seja executado em dois dias úteis?

2

Administração do Planejamento de Obras de Edificações

Para começar

Este capítulo apresenta a estrutura e o organograma de empresas e os modelos de sua apresentação. É introduzida a matriz de responsabilidades como documento institucional sobre a delegação de responsabilidades e apresentada a descrição dos cargos como ferramenta para o processo de recrutamento, seleção e desenvolvimento de pessoal, além do treinamento de pessoas (*coaching*). Para que o gestor possa fazer a tomada de decisão baseada em valores financeiros, é apresentada a árvore de decisões. Para a administração do processo produtivo são apresentados o ciclo PDCA, o diagrama Dente de Serra e a curva ABC para estoques.

2.1 Estrutura de empresas construtoras de edificações

As empresas são organizadas conforme suas finalidades e as atividades que executam. Conforme seu tamanho, ela poderá ter poucos ou diversos setores, ou departamentos. Em qualquer situação, é importante que ela apresente como funciona a estrutura hierárquica de seus departamentos, isto é, como eles são subordinados e como se relacionam.

O gráfico que apresenta os setores, ou departamentos, é denominado "estrutura organizacional". A estrutura organizacional pode ser apresentada de diversas maneiras.

2.1.1 Estrutura organizacional funcional

Nesse caso, os departamentos são agrupados em seu propósito funcional. Essa estrutura organizacional possui estruturas de comunicação e coordenação, predominantemente, na relação chefia-subordinado, existindo pouca comunicação entre os setores ou departamentos da empresa.

Esse tipo de organização geralmente é utilizado em empresas de pequeno porte, já que, em virtude de seu tamanho reduzido, teriam poucos problemas de comunicação, Figura 2.1.

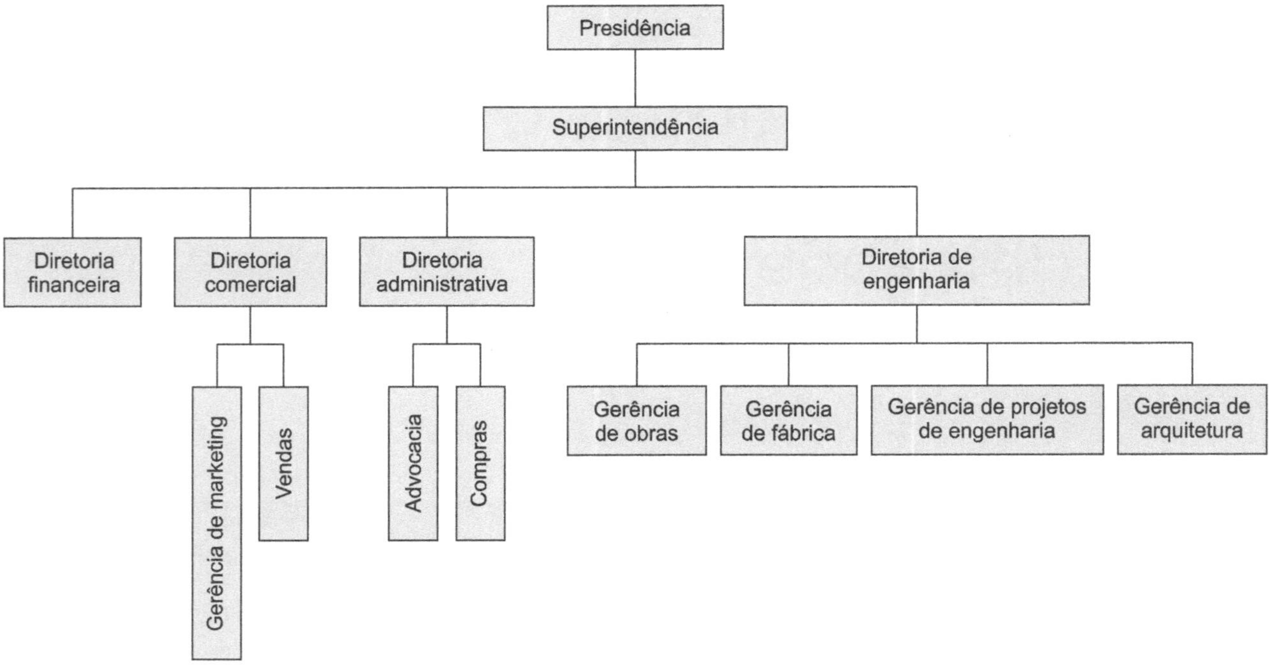

Figura 2.1 - Estrutura organizacional funcional.

2.1.2 Estrutura organizacional divisional

Nesse caso, os setores são agrupados conforme a unidade de negócio. Essa estrutura organizacional proporciona maior velocidade de resposta às demandas e maior autonomia para cada unidade de negócio, permitindo maior agilidade e menos burocracia. Assim, o gestor da unidade de negócio administra estrategicamente cada divisão, bem como todas as suas operações, Figura 2.2.

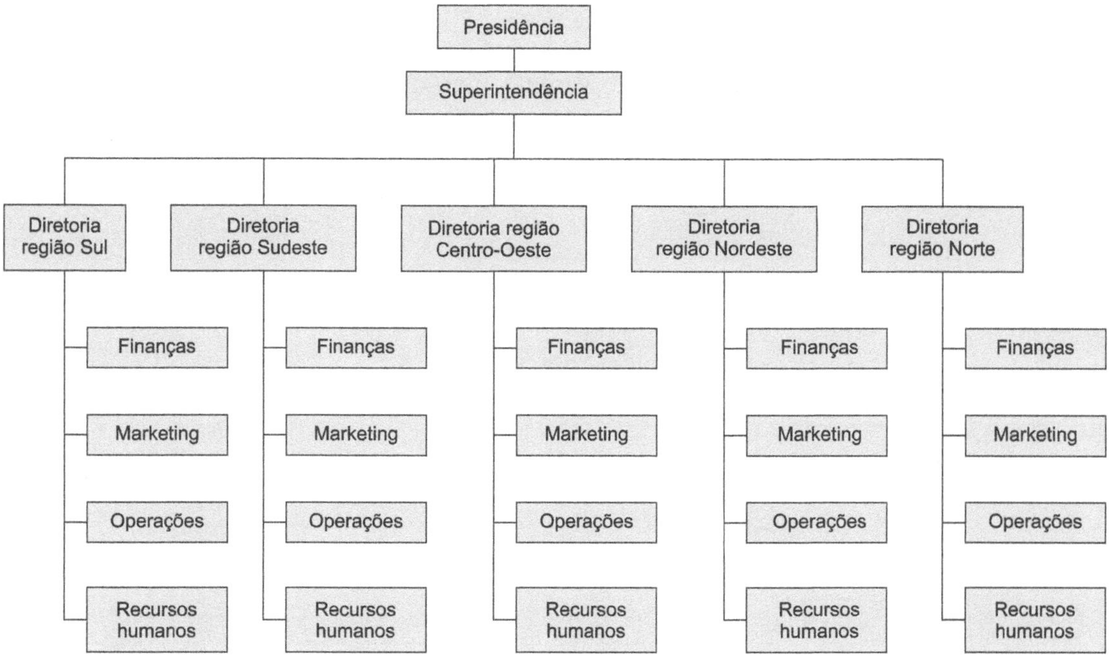

Figura 2.2 - Estrutura organizacional divisional.

2.1.3 Estrutura organizacional matricial

Nesse caso, existe um controle matricial dos setores das unidades de negócios. Pode ser entendida como uma combinação entre a estrutura funcional e a estrutura divisional. Assim, cada setor da unidade de negócio tem duas subordinações, a do superior funcional (*staff* corporativo) e a do superior da divisão que administra a unidade de negócios, Figura 2.3.

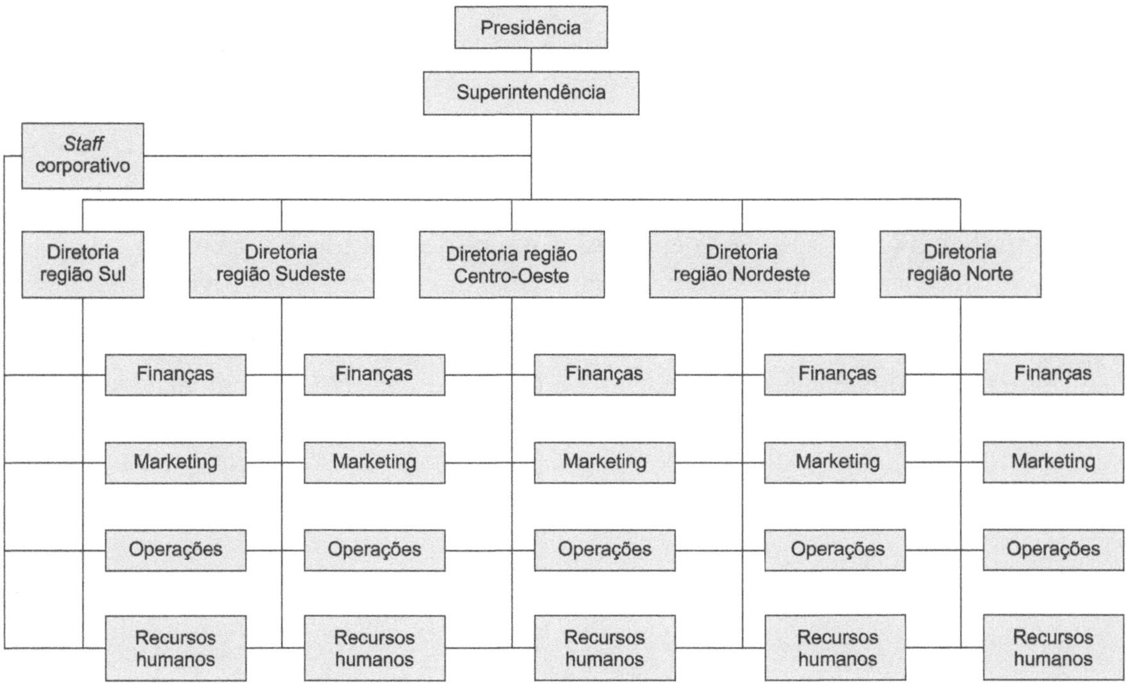

Figura 2.3 - Estrutura organizacional matricial.

2.1.4 Estrutura organizacional por projetos

Nesse caso, os setores são agrupados por projeto. Isso quer dizer que o agrupamento tem caráter temporário e sua duração depende de cada projeto. Assim, quanto maior o número de projetos, maior o tamanho da empresa. Sua departamentalização é funcional, tendo os objetivos e prazos bem definidos, Figura 2.4.

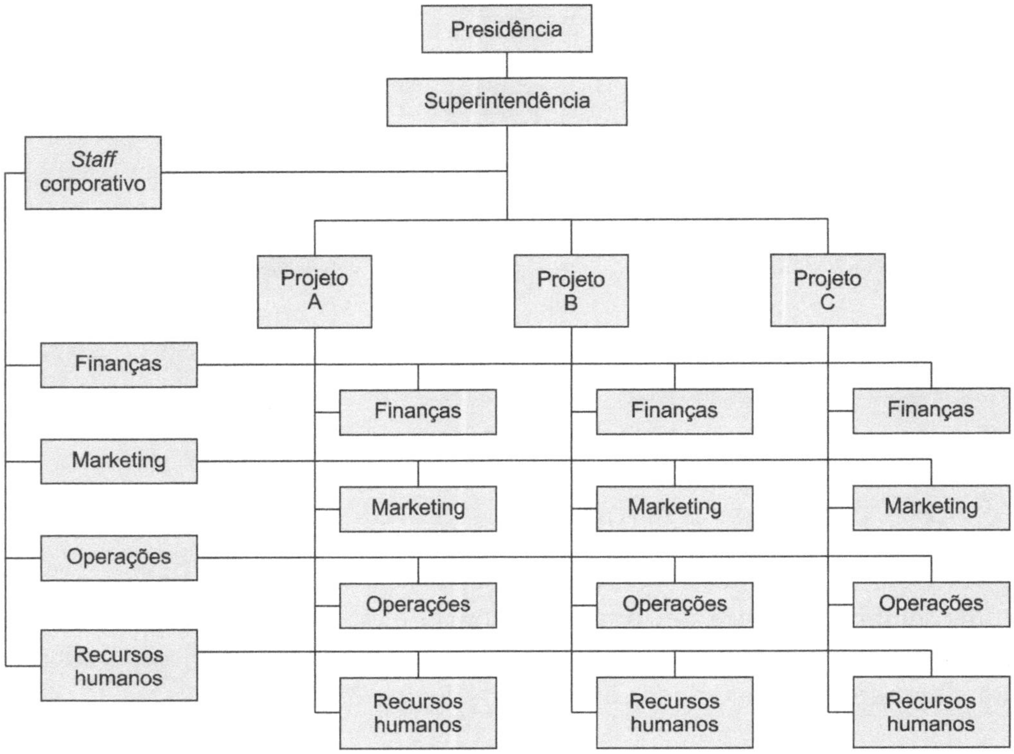

Figura 2.4 - Estrutura organizacional por projetos.

2.1.5 Estrutura organizacional celular

Nesse modelo de estrutura organizacional todos os setores estão no mesmo nível hierárquico. Nele não é representada a hierarquia da empresa. Esse modelo é utilizado em organizações que possuem equipes de alta performance e grande valor agregado, em que a supervisão rígida sobre cada pessoa envolvida é desnecessária.

Esse modelo geralmente é empregado quando as pessoas não são vinculadas ao negócio de forma empregatícia, Figura 2.5.

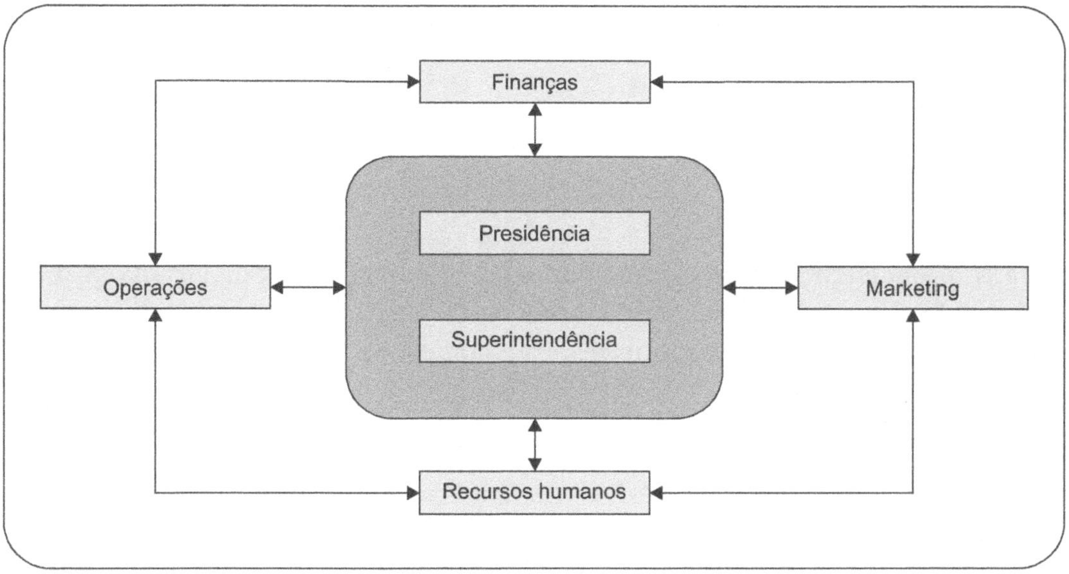

Figura 2.5 - Estrutura organizacional celular.

Todo funcionário deseja ascender profissionalmente na carreira profissional e também atingir novos patamares no organograma da empresa, por exemplo, cargos de gerência e diretoria, Figura 2.6.

Peshkova/Shutterstock.com

Figura 2.6 - Ascensão profissional.

Fique de olho!

O administrador de uma empresa construtora deve sempre se perguntar:

» A estrutura da empresa é mais eficiente para meus negócios?

» Quais seriam as vantagens e desvantagens em se fazer uma mudança?

2.2 Organograma de empresas construtoras de edificações

O organograma é uma representação gráfica da estrutura hierárquica da empresa. Ele pode ser apresentado de várias formas.

A literatura indica que Daniel C. McCallum, no ano de 1856, elaborou o primeiro organograma, para a empresa ferroviária americana York and Erie Railroad Company, da qual era superintendente. No século XIX, as ferrovias eram empreendimentos complexos e caros, que necessitavam de uma estrutura hierárquica com vários níveis profissionais.

No organograma é dado destaque à ordem hierárquica de toda a estrutura hierárquica da empresa. O organograma acompanha a forma da estrutura hierárquica da empresa.

2.2.1 Organograma hierárquico vertical

Nesse tipo de organograma, quanto maiores a responsabilidade e a autonomia do cargo, mais elevada a posição ocupada pelo cargo. A sequência de elaboração desse organograma é:

1) Definir os cargos que serão representados no organograma e suas posições relativas.
2) Transferir os cargos para células distribuídas verticalmente (os cargos mais importantes devem estar em cima).
3) Ligar as células com linhas que representam a hierarquia e a comunicação entre os cargos.

Podem existir determinadas posições que representam cargos de apoio. Eles são chamados de "*staff*" e respondem hierarquicamente a um cargo, mas não têm autoridade sobre outros níveis.

No caso de uma empresa construtora de grande porte, podem existir os seguintes cargos:

1) Presidente
2) Diretor (Administração, Comercial, Engenharia, Financeiro, Superintendente)
3) Gerente (Arquitetura, Fábrica, Obras, Projetos)
4) Coordenador, Encarregado, Chefe de Fábrica, Mestre de Obra
5) Analista de Sistemas, Administrativos, Secretária, Vendedor
6) Operários (almoxarife, apontador, armador, azulejista, carpinteiro, eletricista, encanador, kardexista, operador de grua, operador de guincho, pedreiro, pintor, servente, vigia).

A Figura 2.7 apresenta a sugestão para o organograma dessa empresa.

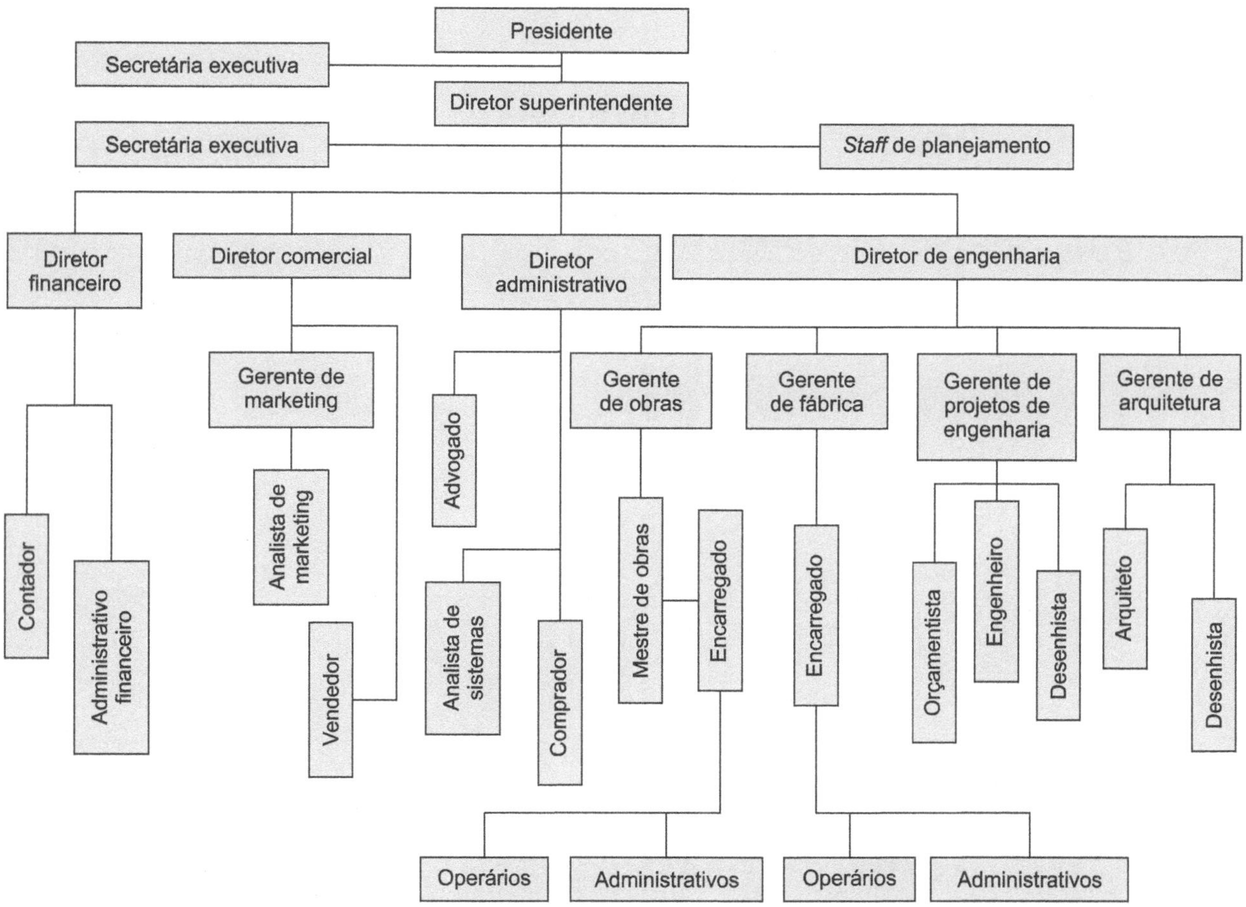

Figura 2.7 - Organograma hierárquico vertical.

2.2.2 Organograma hierárquico horizontal

Nesse tipo de organograma, quanto maiores a responsabilidade e a autonomia do cargo, mais à esquerda será a posição ocupada pelo cargo, Figura 2.8. A sequência de elaboração desse organograma é idêntica à do organograma hierárquico vertical.

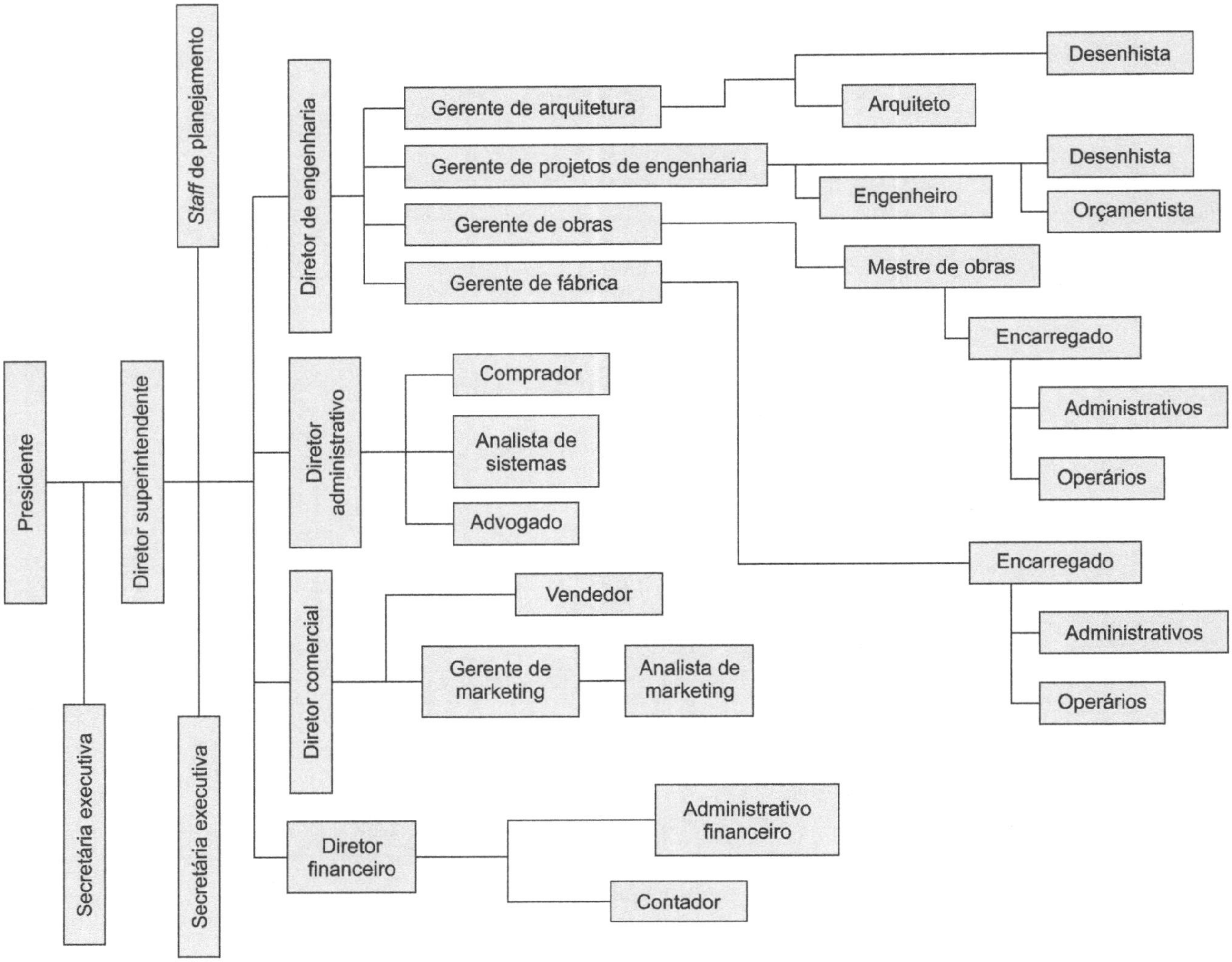

Figura 2.8 - Organograma hierárquico horizontal.

2.2.3 Organograma hierárquico circular

Nesse tipo de organograma, quanto maiores a responsabilidade e a autonomia do cargo, mais central será a posição ocupada pelo cargo, Figura 2.9.

A sequência de elaboração desse organograma é:

1) Definir os cargos que serão representados no organograma e suas posições relativas.

2) Transferir os cargos para células distribuídas concentricamente (os cargos mais importantes devem estar no círculo central).

3) Criar anéis concêntricos com setores que representam a hierarquia e a comunicação entre os cargos.

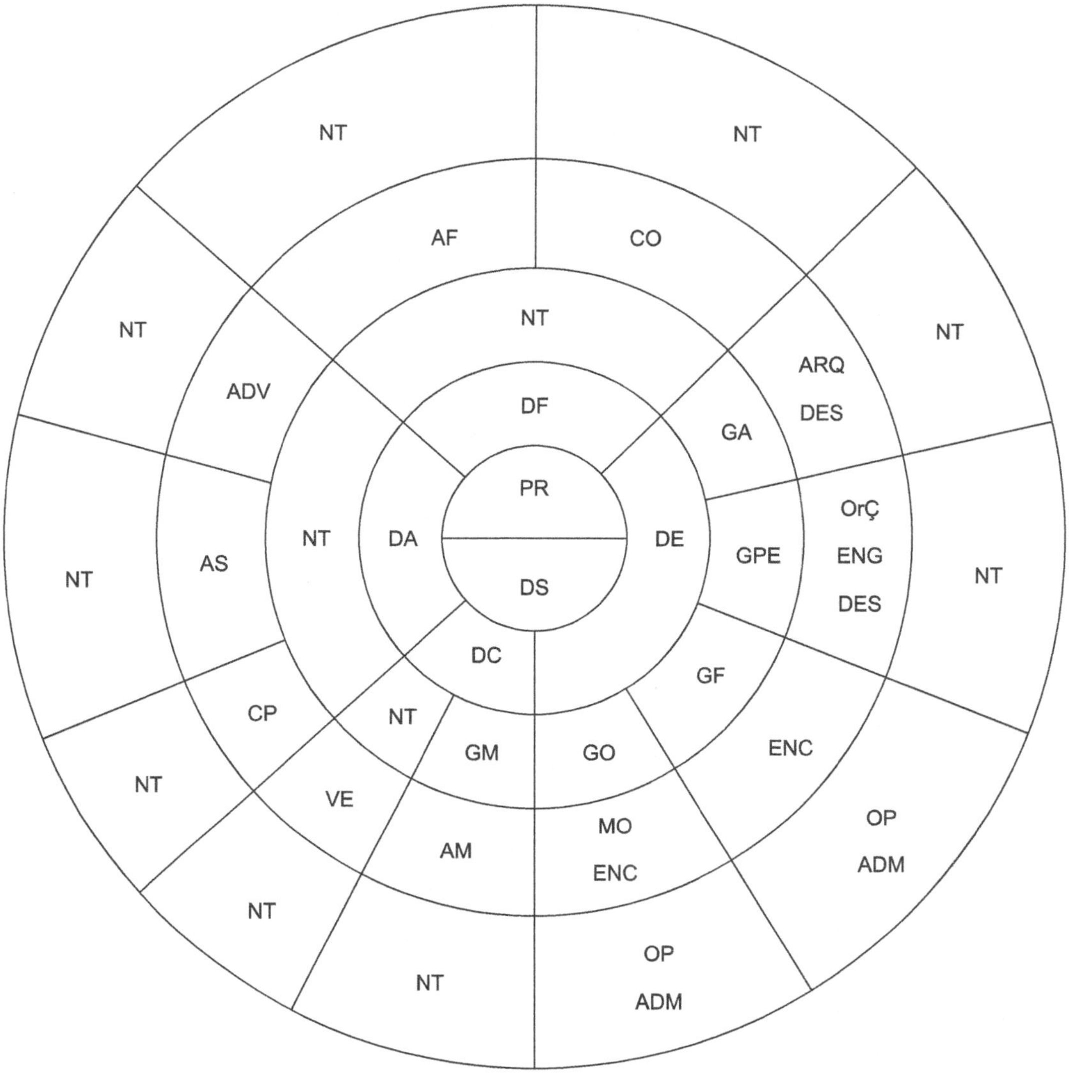

Simbologia

Sigla	Cargo
ADM	Administrativo
ADV	Advogado
AF	Administrativo financeiro
AM	Analista de marketing
ARQ	Arquiteto
AS	Analista de sistemas
CO	Contador
CP	Comprador
DA	Diretor administrativo
DC	Diretor comercial
DE	Diretor de engenharia
DES	Desenhista

Sigla	Cargo
DF	Diretor comercial
DS	Diretor superintendente
ENC	Encarregado
ENG	Engenheiro
GA	Gerente de arquitetura
GF	Gerente de fábrica
GM	Gerente de marketing
GO	Gerente de obras
GPE	Gerente de projetos de engenharia
MO	Mestre de obras
NT	Não tem
OP	Operário
ORÇ	Orçamentista
PR	Presidente
VE	Vendedor

Figura 2.9 - Organograma hierárquico circular.

A Figura 2.10 apresenta (a) um engenheiro civil segurando projetos de obras e (b) uma reunião de arquitetos analisando uma maquete.

(a)

(b)

Figura 2.10 - (a) Engenheiro civil, (b) Arquitetos. Cada um desses profissionais possui uma atuação importante nos diversos organogramas de construtoras.

Fique de olho!

O administrador de uma empresa construtora deve sempre se perguntar:

» O organograma existente representa exatamente a empresa?

» Quais seriam as vantagens e desvantagens em se fazer uma mudança?

2.3 Matriz de responsabilidades

No desenvolvimento das atividades de uma empresa de construção civil, é importante definir quais são as autoridades e responsabilidades de todas as pessoas envolvidas.

A autoridade é definida como um poder legal, ou legítimo, para comandar ou agir, e pode ser de duas espécies:

» Autoridade de *jure*: é o poder legítimo para comandar ou agir. É expressa na forma de uma política, isto é, a descrição do cargo. Portanto, está relacionada à posição na organização.

» Autoridade de fato: é o poder que surge em virtude de conhecimentos e competências de uma pessoa.

A responsabilidade é diretamente relacionada à autoridade, isto é, quem tem a autoridade para agir também torna-se responsável pelos seus atos.

A matriz de responsabilidades é um documento formal organizacional que apresenta os cargos envolvidos em determinada atividade, bem como suas autoridades e responsabilidades.

Como exemplo, veja a Matriz de Responsabilidades para a elaboração de um projeto de um empreendimento apresentada na Tabela 2.1.

Tabela 2.1 - Exemplo de matriz de responsabilidades

Atividade	Diretor superintendente	Diretor de arquitetura	Diretor de engenharia	Arquiteto	Desenhista	Orçamentista	Mestre de obras
Execução da obra	1	5	2	-	-	-	5
Projeto de arquitetura	1	1	4	3	3	5	5
Projeto de engenharia	1	4	1	5	3	5	5
Orçamento da obra	1	4	4	-	-	3	5
Canteiro de obras	1	-	4	-	-	5	3
Materiais	1	4	4	4	5	5	5
Mão de obra	1	-	4	-	-	5	5
Equipamentos	1	5	4	-	-	5	5

1 - autoridade para aprovar; 2 - autoridade para supervisionar; 3 - deve realizar; 4 - deve ser consultado; 5 - deve ser notificado.

Podem ocorrer falhas de autoridade e responsabilidade no desenvolvimento das atividades relacionadas. Elas ocorrem por motivos tais como:

» falta de definição de autoridade e responsabilidade dos cargos;

» falta de interesse das pessoas envolvidas;

» falta de compreensão da matriz de responsabilidades;

» cultura organizacional.

Fique de olho!

Na administração de uma empresa todos empregados têm suas responsabilidades estabelecidas por normas internas. Assim, eles se relacionam de forma direta, ou indireta, com os colegas de trabalho.

Agora, com o objetivo de melhorar o desempenho da empresa, cabe aos gestores tomar ações administrativas baseadas em diagnóstico organizacional, elaborado a partir de respostas obtidas dos empregados a perguntas como:

» As pessoas envolvidas em um projeto compreendem seus papéis individuais e coletivos?

» Existe documentação interna de delegação de poder para as pessoas participantes do projeto?

» As pessoas envolvidas no projeto compreendem que sua autoridade de poder legal tem que ser reforçada com autoridade de fato?

» Existem barreiras organizacionais para o exercício da autoridade na empresa?

» As pessoas envolvidas no projeto recebem o apoio adequado de outros setores da empresa?

2.4 Descrição de cargos

Para que a empresa possa melhor desempenhar suas atividades, é necessário que seja feita a descrição de todos os cargos da organização.

A descrição de cargos deve conter itens como:

» escolarização mínima para a sua ocupação;

» conhecimentos necessários;

» habilidades, atitudes e competências inerentes ao cargo;

» local de trabalho;

» jornada de trabalho;

» atividades de rotina;

» atividades eventuais;

» com quem deve trabalhar em cooperação;

» quem são seus subordinados;

» a quem deve responder pelas suas ações;

» remuneração.

A Tabela 2.2 apresenta um exemplo da descrição do cargo de pedreiro.

Tabela 2.2 - Descrição do cargo de pedreiro

Ordem	Item	Descrição
1	Escolarização mínima para a sua ocupação	Nível fundamental
2	Conhecimentos necessários	Matemática básica Segurança do trabalho relativo ao cargo

Ordem	Item	Descrição
3	Habilidades, atitudes e competências inerentes ao cargo	Utilizar ferramentas de pedreiro Conhecer prumo, nível e esquadro Conhecer preparo da argamassa Ter noções da qualidade Ter noções de eletricidade e hidráulica Ser calmo e paciente
4	Local de trabalho	Obra
5	Jornada de trabalho	Segunda-feira a sexta-feira 8 horas diárias 1 hora de almoço
6	Atividades de rotina	Construir alvenaria de elevação
7	Atividades eventuais	Encher fôrmas de concreto armado
8	Com quem deve trabalhar em cooperação	Carpinteiro Eletricista Encanador
9	Quem são seus subordinados	Ajudante de pedreiro
10	A quem deve responder pelas suas ações	Encarregado de pedreiro Mestre de obras Técnico em edificações Engenheiro residente
11	Remuneração	R$ 3.000,00

A Figura 2.11 apresenta um operário de construção civil assentando blocos cerâmicos para a construção de uma vedação vertical.

Dmitry Kalinovsky/Shutterstock.com

Figura 2.11 - Assentar alvenaria é uma das funções do pedreiro.

Na Tabela 2.3 está um exemplo de descrição do cargo de técnico em edificações.

Tabela 2.3 - Descrição do cargo de técnico em edificações

Ordem	Item	Descrição
1	Escolarização mínima para a sua ocupação	Nível médio
2	Conhecimentos necessários	Matemática de nível médio Português Segurança do trabalho para construção civil
3	Habilidades, atitudes e competências inerentes ao cargo	Utilizar ferramentas de construção de edificações Conhecer técnicas de construção civil Saber elaborar relatório Saber utilizar planilhas eletrônicas Saber utilizar calculadora eletrônica Saber ler plantas executivas Saber utilizar *software* de desenho Saber elaborar orçamento Ter noções da qualidade Ter boa comunicação verbal Ser calmo e paciente Ser líder
4	Local de trabalho	Obra
5	Jornada de trabalho	Segunda-feira a sexta-feira 8 horas diárias 1 hora de almoço
6	Atividades de rotina	Controlar a execução da obra Elaborar relatórios de gerenciamento
7	Atividades eventuais	Elaborar desenhos Elaborar orçamentos
8	Com quem deve trabalhar em cooperação	Técnico de segurança do trabalho
9	Quem são seus subordinados	Mestre de obras Encarregados Operários
10	A quem deve responder pelas suas ações	Engenheiro residente
11	Remuneração	R$ 5.000,00

Fique de olho!

Alguns acidentes que acontecem em obras se devem a pessoas que não têm o perfil necessário para o cargo que ocupam.

Para evitar acidentes do trabalho e obter altos índices de produtividade, é importante que todas as pessoas da empresa sejam selecionadas conforme a descrição de cada cargo, bem como tenham capacitação contínua para seu exercício.

2.5 Capacitação de pessoas (*coaching*)

A capacitação de pessoas, ou treinamento (*coaching*), é muito importante para a liderança e a construção de equipes de trabalho. A capacitação pode ser individual ou coletiva.

O treinamento tem como objetivo desenvolver as capacidades profissionais das pessoas, por meio de intervenções pessoais feitas para mudar ou reforçar comportamentos. Assim, o treinamento envolve ações que reforçam os comportamentos positivos e ações para mudar os comportamentos considerados negativos. Treinar uma equipe é uma tarefa essencial para a construção de esforços colaborativos.

Adam Gregor/Shutterstock.com

Figura 2.12 - Reunião de treinamento.

O foco principal é o comportamento de pessoas que pode afetar o desempenho do trabalho a ser realizado. A intenção é fazer o indivíduo e a equipe agirem de maneira esperada. Em alguns casos, quando a vida pessoal afeta o desempenho profissional, é necessário que o treinamento inclua a vida pessoal do indivíduo.

Os gestores da obra têm como obrigação organizar e manter as equipes em alta produtividade. A condução da equipe exige liderança. A liderança deve estabelecer as expectativas em relação às equipes de trabalho e indicar os padrões da qualidade.

O estabelecimento das expectativas de desempenho, geralmente, é feito por reuniões com as equipes de trabalho. No início da obra, deve-se apresentar os serviços que serão realizados, as exigências relacionadas, seus prazos e padrão de conduta das equipes.

No decorrer da obra, os gestores e líderes de equipe devem reforçar as expectativas da reunião inicial, fazendo elogios quando os comportamentos são condizentes com os comportamentos esperados, bem como promovendo ações corretivas quando os comportamentos são diversos daqueles esperados.

O líder deve ter as seguintes ações em relação aos seus liderados:

- Motivar as pessoas a reconhecerem os pontos fortes, ou os fracos, e perceber quaisquer problemas na condução de suas atividades.
- Fazer com que as pessoas indiquem as possíveis causas de suas ações, permitindo que encontrem a melhor solução para os problemas.
- Provocar nas pessoas o encaminhamento das ações corretivas adequadas.
- Promover o comprometimento das pessoas com os objetivos de trabalho e sua disposição em corrigir os eventuais erros.
- Motivar as pessoas a assumir responsabilidades por suas decisões e ações.

Uma das técnicas de treinamento de desempenho mais eficientes é o líder dar o exemplo para os liderados. Então, o líder deve ser o exemplo para suas equipes, elogiar-lhes o desempenho e, quando necessário, fazer críticas construtivas.

- Exemplo do líder: o líder deve chegar sempre pontualmente e ficar com a equipe se ela precisar trabalhar até mais tarde. Ele deve ser calmo, ter paciência, ser sincero e ter pensamentos claros.
- Elogiar: o elogio pode ser utilizado quando o indivíduo, ou a equipe, finaliza tarefas, ou alcança objetivos dentro do cronograma de trabalho. Saber que as realizações são reconhecidas e que são importantes para os outros traz orgulho para a equipe de trabalho. O elogio deve ser sincero e estar relacionado às expectativas apresentadas no início da obra. Ele deve ser feito quando alguém da equipe desempenha um serviço de maneira superior à esperada. O elogio serve como *feedback* para pessoas ou equipes quanto ao bom desempenho de suas atividades.
- Fazer críticas construtivas: criticar indivíduos, ou equipes, é uma tarefa difícil. As deficiências devem ser identificadas, e o líder deve obter o comprometimento de indivíduos e da equipe com relação às mudanças. As críticas construtivas devem ser feitas com cautela e apenas na presença do indivíduo. Quando necessárias, elas devem ser feitas em ambiente neutro, de maneira tranquila, abordando somente o assunto necessário.

O treinamento de indivíduos e das equipes é muito importante, e o líder, para ter sucesso, deve ter algumas características pessoais como:

- Desenvolver a autoconfiança e o senso de responsabilidade nos indivíduos, para que solucionem seus próprios problemas.
- Motivar os indivíduos em suas capacitações pessoais e profissionais.
- Personalizar o treinamento para cada indivíduo.
- Respeitar os valores e as atitudes de cada indivíduo.
- Ter interesse real nas preocupações das pessoas.
- Utilizar técnicas de comunicação verbais e não verbais.

Fique de olho!

Conflitos sempre irão ocorrer, em razão da natureza temporária de uma equipe de obra. O conflito ocorre quando há uma divergência, entre duas ou mais partes, em relação a algum elemento do trabalho, ou que pode ser uma diferença de opinião, como uma solução técnica, o custo ou mesmo o prazo da entrega.

O conflito profissional também pode ir para o campo pessoal. Isso é mais difícil de gerenciar do que as divergências profissionais, e tem um grande impacto negativo, porque destrói os relacionamentos de trabalho.

racorn/Shutterstock.com

Figura 2.13 - Liderança empresarial: cada vez mais a liderança feminina está presente no corpo diretivo.

Fique de olho!

A autoridade é exercida pelo poder legal e pela condição de fato. A responsabilidade é inerente àquele que possui a autoridade, que deve prestar contas pela utilização dos recursos e pelos resultados alcançados.

2.6 Árvore de decisões

O administrador de uma obra precisa tomar muitas decisões. O processo de tomada de decisão consiste em examinar, comparar e avaliar as consequências de cada alternativa e escolher uma delas.

Para avaliação das alternativas é preciso determinar as consequências de cada uma e submetê-las aos critérios previamente estabelecidos. Para a avaliação, são considerados elementos que não podem ser modificados, como custos de produtos e prazos de entrega.

A tomada de decisão observa as seguintes condições:

» Certeza: quando o resultado a ser obtido com a decisão é bem conhecido. Por exemplo: a entrega de cimento na obra tem custos e prazos certos.

» Incerteza: quando a probabilidade do resultado não é conhecida. Por exemplo: a decisão entre o emprego de duas tecnologias diferentes, em que são empregados materiais e equipes diferentes.

» Risco: quando a probabilidade do resultado é conhecida. Por exemplo: a probabilidade de ganhar uma concorrência contra três outras empresas equivalentes é de um quarto (25%).

Árvore de decisão é a representação gráfica de um processo estatístico de tomada de decisão. A Tabela 2.4 apresenta os símbolos utilizados na árvore de decisão.

Tabela 2.4 - Símbolos utilizados na árvore de decisão

Símbolo	Significado
□	Nó de decisão
○	Nó de resultado
|	Nó terminal
A	Ação alternativa
R	Resultado
(0, p)	Probabilidade

Exemplo

Uma construtora deve executar uma obra em 18 meses. Ela possui uma betoneira antiga, e quer saber se há vantagem em substituí-la por outra nova. Foram apresentadas três alternativas:

» fazer a substituição no início da obra;

» fazer a substituição após seis meses de obra;

» fazer a substituição após 12 meses de obra.

Para cada situação foi considerado o rendimento médio anual no período de trabalho de cada máquina (R), expresso em (R$/ano), e com despesas fixas (R$), correspondentes aos custos de aquisição e juros da nova máquina e às despesas de seguro e manutenção em ambas as hipóteses.

Figura 2.14 – A betoneira é um equipamento de grande utilidade em todo tipo de obra; possui vários modelos e capacidades, e é utilizada para misturar concreto e argamassa.

A Tabela 2.5 apresenta as siglas para as condições de tomada de decisão para a construtora do exemplo.

Tabela 2.5 - Condições de tomada de decisão

Sigla	Condição
1a	Não fazer a substituição no início da obra
1b	Fazer a substituição no início da obra
2a	Não fazer a substituição após seis meses de obra
2b	Fazer a substituição após seis meses de obra
3a	Não fazer a substituição após 12 meses de obra (manter a máquina atual)
3b	Fazer a substituição após 12 meses de obra

A Tabela 2.6 apresenta os ganhos parciais em cada alternativa.

Tabela 2.6 - Ganhos parciais em cada alternativa

Alternativa	Rendimento (R$/semestre)	Duração (semestre)	Despesa (R$)	Ganhos parciais - G (R$)
1a	40.000,00	1	10.000,00	(40.000,00 × 1) – 10.000,00 = 30.000,00
1b	50.000,00	3	100.000,00	(50.000,00 × 3) – 100.000,00 = 50.000,00
2a	35.000,00	1	12.000,00	(35.000,00 × 1) – 12.000,00 = 23.000,00
2b	60.000,00	2	85.000,00	(60.000,00 × 2) – 85.000,00 = 35.000,00
3a	30.000,00	1	20.000,00	(30.000,00 × 1) – 20.000,00 = 10.000,00
3b	70.000,00	1	55.000,00	(70.000,00 × 1) – 55.000,00 = 15.000,00

A Figura 2.15 apresenta a árvore de decisões para o estudo da betoneira.

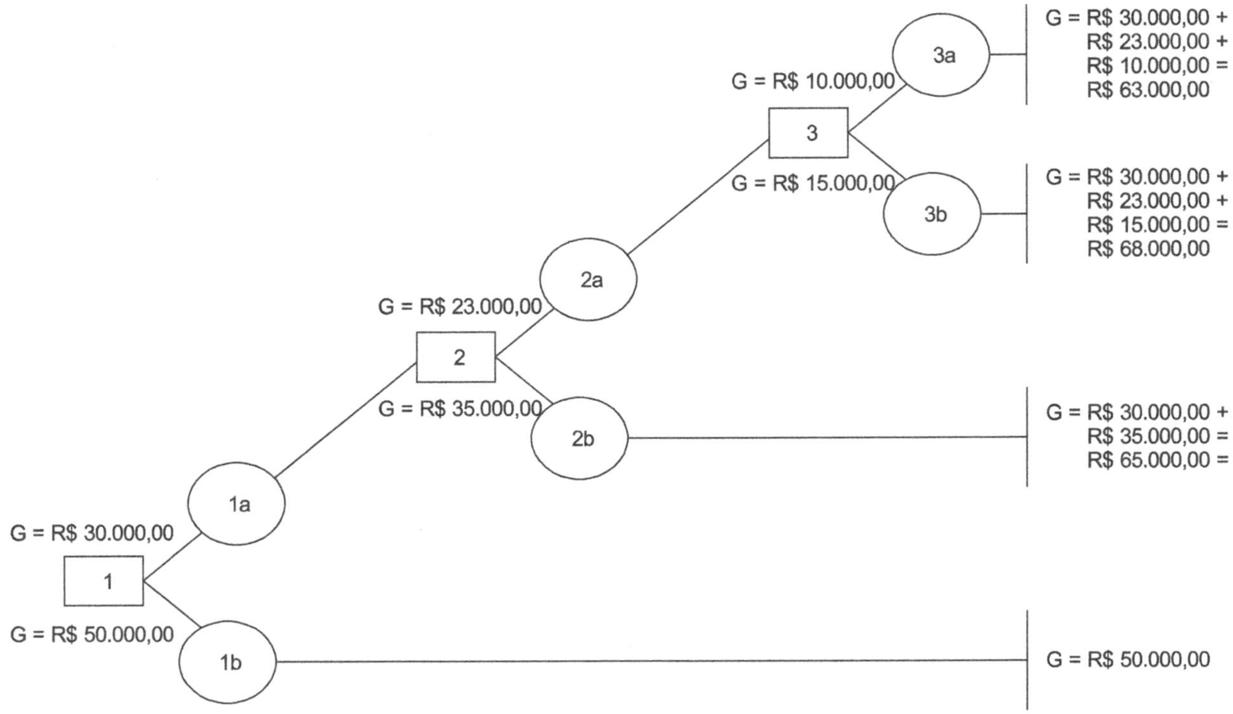

Figura 2.15 - Árvore de decisões para o estudo da betoneira.

Pela árvore de decisão, conforme as condições apresentadas no problema, as melhores opções são indicadas na Tabela 2.7, em ordem decrescente.

Tabela 2.7 - Ganho obtido em cada condição

Sigla	Condição	Ganho (R$)
3b	Fazer a substituição após 12 meses de obra	68.000,00
2b	Fazer a substituição após seis meses de obra	65.000,00
3a	Não fazer a substituição após 12 meses de obra (manter a máquina atual)	63.000,00
1b	Fazer a substituição no início da obra	50.000,00

Assim, com base em informações preliminares, a árvore de decisão apresenta condições para a tomada de decisão pelo gestor do projeto.

2.7 PDCA

De maneira geral, o PDCA é relacionado ao conceito de melhorias. Desenvolvido na década de 1930, no Bell Laboratories dos Estados Unidos, pelo estatístico Walter A. Shewhart, somente foi popularizado na década de 1950, pelo especialista em qualidade W. Edwards Deming, que aplicou o procedimento em trabalhos desenvolvidos no Japão, chamando-o de ciclo PDCA, Figura 2.16.

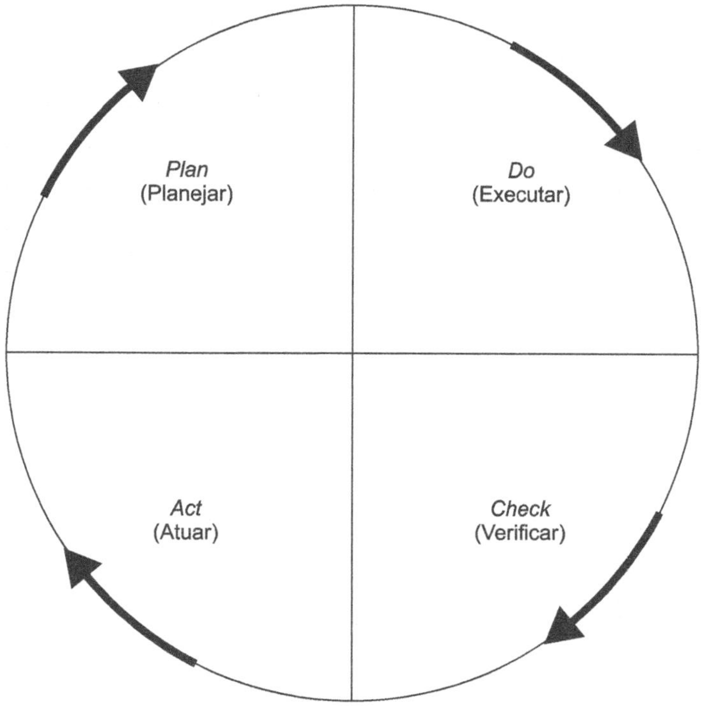

Figura 2.16 - Ciclo PDCA.

Assim, as teorias da administração o descrevem com base em quatro princípios:

1) Planejamento: planejar o método de ação.
2) Preparo: preparar a mão de obra e os equipamentos para a produção.
3) Controle: controlar o trabalho para que esteja conforme o planejado.
4) Execução: distribuir as atribuições e responsabilidades pelo trabalho.

As letras PDCA significam, na sigla em inglês:

» *Plan* (planejar): significa estabelecer os objetivos e processos necessários para fornecer os resultados de acordo com os requisitos estabelecidos. O planejamento envolve:
   1) Localizar o problema;
   2) Estabelecer metas;
   3) Analisar fenômenos (utilizar o gráfico da curva ABC);
   4) Analisar o processo (utilizar o diagrama de causa e efeito de Ishikawa);
   5) Elaborar plano de ação.

» *Do* (executar): significa implementar os processos. Após a elaboração do plano de ação, deve ser feita sua divulgação para todos os trabalhadores da empresa, bem como deve ser realizado o treinamento necessário, para que o plano possa atingir seus objetivos. As ações estabelecidas no plano de ações devem ser executadas de acordo com o planejamento, dentro do cronograma estabelecido, registradas e supervisionadas.

» *Check* (verificar): significa monitorar e medir os produtos e processos, em relação às políticas da empresa e aos requisitos para os produtos, e relatar seus resultados. Nessa etapa, a empresa deve executar a verificação da eficácia das ações realizadas na fase anterior. Essa fase consiste nas seguintes tarefas:

  1) comparação de resultados (planejado *versus* executado);

  2) listagem dos efeitos secundários (provenientes das ações executadas);

  3) verificação da continuidade dos problemas (eficácia das ações tomadas).

» *Act* (atuar): significa executar as ações para promover a melhoria contínua do desempenho do processo. Essa fase é responsável pela padronização dos procedimentos implantados. Isto é, tendo comprovado a eficácia das ações tomadas e sendo o resultado satisfatório, deve-se padronizar essas ações, transformando-as em procedimentos padrão. Para realizar o processo de padronização, tem-se as etapas de:

  1) elaboração, ou alteração, do padrão;

  2) comunicação;

  3) educação e treinamento;

  4) acompanhamento da utilização do padrão.

O ciclo PDCA é dinâmico, pois procura a melhoria contínua da qualidade, já que o processo pode ser reanalisado e um novo processo de mudança poderá ser iniciado.

A utilização do ciclo PDCA, além do estabelecimento de metas de melhoria da alta administração da empresa, pode ser utilizada para a solução de problemas críticos da empresa.

Fique de olho!

Para a elaboração do PDCA é importante que a gestor do processo saiba avaliar a eficácia e a eficiência de suas propostas de projeto, no qual:

» Eficácia: compara o realizado com o planejado.

» Eficiência: compara os recursos utilizados com os recursos disponíveis.

2.8 Diagrama dente de serra

De maneira geral, é muito importante que os níveis de estoque sejam baixos, pois, além de ocuparem muito espaço nas obras, existem:

» o custo do capital investido;

» o custo de manutenção e de armazenagem;

» a obsolescência dos produtos;

» a vida útil do produto.

Os estoques presentes nas obras representam custos acumulados de matéria-prima e insumos, que serão usados no futuro. Os estoques são criados para:

» Proporcionar condições sob as quais cada equipe da obra possa fornecer o máximo de serviço compatível com seu nível de operação.

» Permitir que cada uma das equipes possa atingir seu ritmo eficientemente, pela sua produção.

Os estoques podem ser classificados em:

» Estoques de matéria-prima: são o material básico necessário para a fabricação de um determinado produto. Seu consumo é proporcional ao volume de produção da obra.

» Estoques de produtos em processo: são aqueles que estão nas diferentes etapas (fases) de elaboração do produto final, a transformação da matéria-prima em produtos semiacabados. Esses produtos são feitos em uma fábrica, ou no canteiro de obras.

» Estoques de produtos semiacabados: são aqueles saídos da produção e que, para serem considerados acabados, passarão ainda por diversas fases do processamento. Esses produtos são feitos em uma fábrica, ou no canteiro de obras.

» Estoques de produtos acabados: são os produtos prontos destinados ao consumo final.

» Estoques de produtos em trânsito: são todos os produtos que já foram despachados de uma unidade fabril para outra, ou de fornecedores, e que ainda não chegaram a seu destino final, que é o canteiro de obras.

» Estoques de produtos em consignação: são os materiais que continuam sendo de propriedade do fornecedor até que sejam utilizados. Se não forem, serão devolvidos sem ônus.

bikeriderlondon/Shutterstock.com

Figura 2.17 - Movimentação de materiais em uma grande central de armazenamento. Podem estar armazenados produtos acabados, semiacabados e matéria-prima.

O diagrama "dente de serra" representa a movimentação (entrada e saída) de qualquer material dentro do estoque. Ele é um gráfico em um plano cartesiano, em que o eixo das abcissas representa o tempo decorrido (T) para o consumo do material e o eixo das ordenadas representa a quantidade (Q) em unidades desse material em estoque, Figura 2.18.

Esse ciclo será sempre repetitivo e constante se:

- Não existir alteração de consumo durante o intervalo de tempo (T).
- Não existir falha administrativa que provoque um erro na solicitação da compra para reposição do estoque.
- Não houver atraso na entrega por parte do fornecedor.
- Não houver rejeição de lote por parte do controle de qualidade.

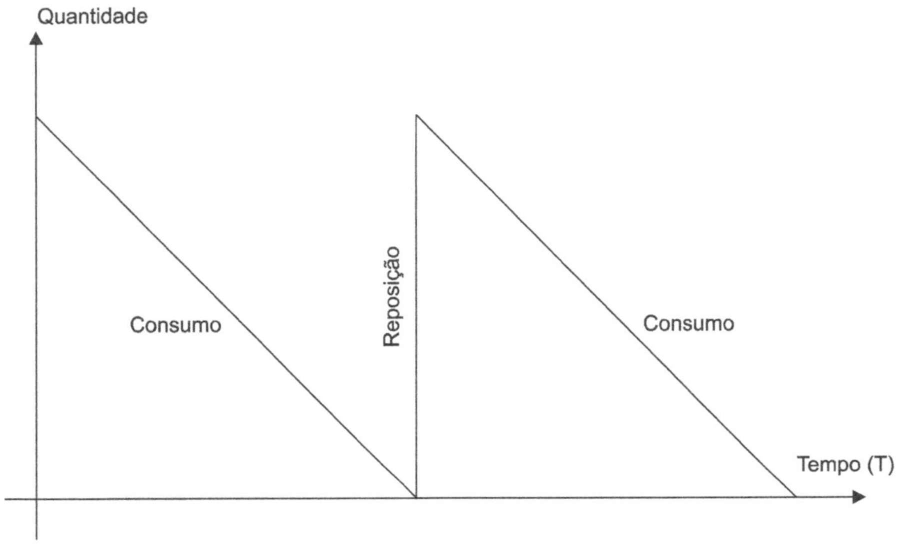

Figura 2.18 - Diagrama Dente de Serra.

O nível de segurança, ou estoque de reserva, é a quantidade mínima de material que deve existir em reserva, destinada a cobrir eventuais atrasos na renovação do estoque, garantindo o funcionamento ininterrupto das atividades da obra.

A principal vantagem do nível de segurança é prover estoque suficiente para atender às demandas inesperadas. A atividade de abastecimento requer um acréscimo no nível ótimo de estoque (quantidade do estoque reserva), para manter suas atividades sem interrupção.

O estoque reserva será atingido quando houver atraso na entrega do material, ou um aumento no ritmo de seu consumo. O estoque reserva deve ser, em primeira aproximação, igual ao número máximo de unidades consumidas durante o máximo tempo de reposição, subtraído do número médio de saída do estoque, durante o tempo médio previsto para sua reposição.

O estoque mínimo é a quantidade mínima do material em que deverá ser feito o pedido de compra para reposição de estoque. O estoque mínimo é igual ao estoque reserva acrescido do número médio de saída de material do estoque, durante o tempo médio previsto para sua reposição, Figura 2.19.

Portanto:

$$Er = (D \times T) - (d \times t)$$

$$Em = Er + (d \times t)$$

em que: Er = estoque reserva do material

Em = estoque mínimo do material

D = consumo máximo do material

T = tempo máximo de reposição do material

d = consumo médio do material

t = tempo médio de reposição do material

Lembre-se

O objetivo do diagrama Dente de Serra é alertar o gestor sobre a data em que ele deve iniciar o processo de compra do material, levando em conta os prazos da empresa e do fornecedor.

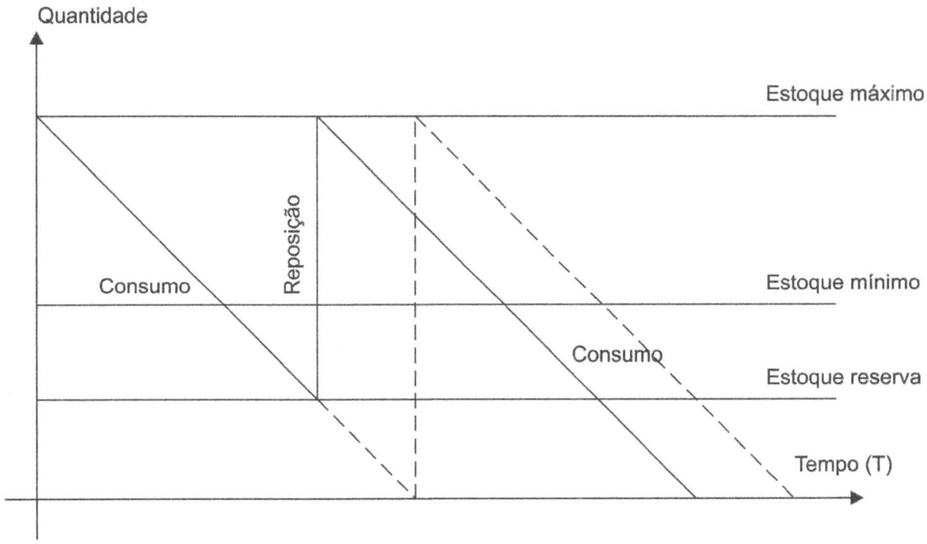

Figura 2.19 - Apresentação do estoque mínimo.

Exemplo

Em uma obra são utilizados sacos de cimento de 50 kg. Para sua reposição no estoque da obra são necessários de 20 a 40 dias, desde o pedido de compra até sua deposição no canteiro de obras. Em função de sua utilização na obra, sua demanda oscila entre 40 e 120 sacos por dia. Qual o estoque mínimo que será necessário para manter a produtividade em obra com esse produto?

Solução

$Er = (D \times T) - (d \times t)$

$D = 120$ sacos/dia

$T = 40$ dias

$d = (40 + 120)/2 = 80$ sacos/dia

$t = (20 + 40)/2 = 30$ dias

$Er = (120 \text{ sacos/dia} \times 40 \text{ dias}) - (80 \text{ sacos/dia} \times 30 \text{ dias}) = 2.400 \text{ sacos}$

$Em = Er + (d \times t) = 2.400 \text{ sacos} + (80 \text{ sacos/dia} \times 30 \text{ dias}) = 4.800 \text{ sacos}.$

2.8.1 Ficha de controle de estoque

Os principais objetivos da ficha de controle de estoque são:

- » conhecer a disponibilidade dos materiais;
- » permitir analisar quando será necessário emitir um pedido de reposição de material;
- » conhecer o valor monetário do estoque e do custo de cada item;
- » indicar desvios e/ou perdas de materiais.

As principais informações contidas na ficha de controle de estoque são:

Para identificação

- » nome do item;
- » número ou código do item;
- » especificação ou descrição;
- » unidade de medida;
- » localização no almoxarifado;
- » produto final a que se destina (tipo de utilização).

Figura 2.20 - Em um estoque, a ficha de identificação dos dados do produto é imprescindível.

Para controle

» lote mínimo ou estoque mínimo;
» lote econômico;
» sumário de utilização mensal ou anual;
» tempo necessário para atendimento de um pedido;
» preço unitário;
» possíveis fornecedores;
» percentual de perda ou rejeição prevista e realizada.

Sobre movimentação de estoque

» pedidos de reposição: data do pedido, nº do pedido, quantidade pedida e data em que o material será recebido;
» recebimento do material: data, quantidade recebida, nº da nota fiscal;
» reserva do material: data, quantidade e nº do pedido de reserva;
» retirada do material: data, quantidade e nº da requisição.

Sobre o custo e valor do transporte

» custo unitário de cada entrada;
» custo total de cada entrada;
» custo unitário médio;
» custo padrão (custo de venda em quantidades padrão);

» custo total de cada saída;

» custo da quantidade encontrada em estoque.

2.9 Curva ABC para estoques

A curva ABC tem por finalidade identificar os itens de materiais de acordo com sua importância em termos de valor, peso e volume dos consumos, estoques, compras etc., Figura 2.21.

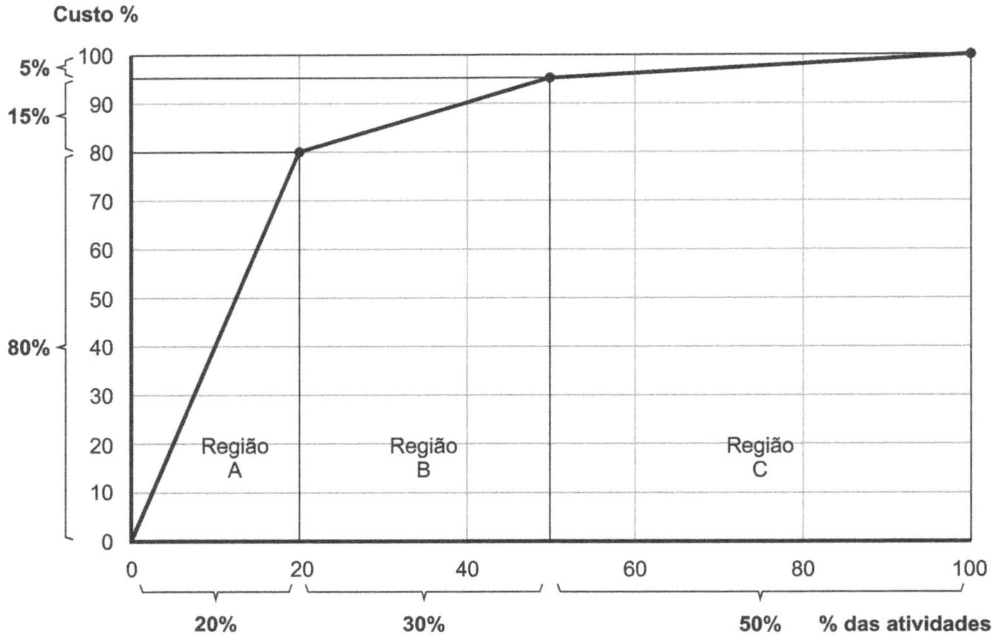

Figura 2.21 - Curva ABC de estoque.

A ideia dessa curva surgiu na Itália em 1800, com Wilfredo Paretto, que a denominou lei 20 x 80. Ele mediu a distribuição de renda da população e constatou que poucos indivíduos da sociedade concentravam a maior parte das riquezas existentes, isto é, 20% da população absorvia 80% de renda.

A aplicação dos fundamentos do método de Paretto foi comprovada e posta em prática nos Estados Unidos, logo após a Segunda Guerra Mundial, 1951, pela General Electric, tendo como responsável H. F. Dixie.

Quando existe grande diversidade de materiais de alta rotatividade no estoque, pode-se utilizar o método de controle de estoque da curva ABC. Esse método consiste em separar e agrupar os materiais do estoque em três grandes classes, segundo seu valor aquisitivo, dando a cada classe um tratamento particular para seu controle.

As classes são:

» Classe A: são os materiais de maior importância e que merecem um tratamento preferencial, justificando procedimentos detalhados e uma grande atenção por parte de toda a administração.

» Classe C: são os materiais de menor importância e que justificam pouca ou nenhuma atenção por parte da administração. Os procedimentos são os mais rápidos possíveis.

» Classe B: são os materiais em situação intermediária entre as classes A e C.

A divisão das classes é:

» Classe A: uma pequena quantidade de materiais (cerca de 20%) de todos os materiais estocados, que correspondem ao maior custo do total dos materiais (cerca de 80%).

» Classe B: uma quantidade intermediária entre A e C, (cerca de 30%) de todos os materiais estocados, que correspondem ao custo intermediário do custo total de materiais (cerca de 15%).

» Classe C: uma grande quantidade de materiais (cerca de 50%) de todos os materiais estocados, que correspondem ao pequeno custo do total de materiais (cerca de 5%).

Vantagens da curva ABC para o controle de estoques:

» maior facilidade para fazer inventário de estoques;

» redução imediata do tamanho dos inventários;

» custos de serviços burocráticos mais baixos;

» melhor planejamento de estoques.

Fique de olho!

A autoridade é exercida pelo poder legal e pela condição de fato. A responsabilidade é inerente àquele que possui a autoridade, que deve prestar contas pela utilização dos recursos e pelos resultados alcançados.

2.10 Matriz de priorização - GUT

A matriz de priorização é uma ferramenta de gestão muito utilizada para indicar prioridades de ações. Ela possibilita ao gestor fazer escolhas dentre as diversas alternativas, com critérios mais rigorosos do que as demais ferramentas, fazendo com que as alternativas se confrontem entre si.

A matriz de priorização é importante para se classificar as ações em termos de prioridade, porque é uma tabela que permite a comparação de uma alternativa com todas as outras.

A matriz de priorização surgiu da questão: o que deve ser feito primeiro, o importante ou o urgente? Muitos gestores passam muito tempo resolvendo problemas e não percebem que, às vezes, o de que eles se ocupam é algo que não seria o mais indicado para aquele momento. Mas como saber o que é o mais indicado? Aí, surge a matriz de priorização, que é uma ferramenta simples que ajuda muito quando se tem vários problemas para resolver.

Essa ferramenta de gestão, também chamada matriz G.U.T, considera a gravidade (G), a urgência (U) e a tendência (T) de cada ação:

» Gravidade: avalia o impacto do problema sobre as operações e as pessoas da empresa, avaliando os efeitos que surgirão em longo prazo em caso de não realização (5 - Extremamente grave; 4 - Muito grave; 3 - Grave; 2 - Pouco grave; 1 - Sem gravidade);

» Urgência: avalia o tempo disponível, ou necessário, para realizar a ação (5 - Extremamente urgente; 4 - Muito urgente; 3 - Urgente; 2 - Pouco urgente; 1 - Sem urgência);

» Tendência: avalia o potencial de gerar (aumentar) problemas (5 - Se não for feito gerará problemas imediatamente; 4 - Vai gerar problemas a curto prazo; 3 - Vai gerar problemas a médio prazo; 2 - Vai gerar problemas a longo prazo; 1 - Sem tendência de gerar problemas).

É necessário que cada problema a ser analisado receba uma nota de 1 a 5 em cada uma das características: gravidade, urgência e tendência. Após a pontuação, é feita a soma de todas as notas atribuídas (G, U e T) para cada ação. A ação que obtiver o maior número na soma é a ação de maior prioridade, e assim são classificadas as demais ações, da maior para a menor.

A Tabela 2.8 apresenta um exemplo de aplicação da matriz de priorização em que são comparadas diversas ações.

Tabela 2.8 - Matriz de priorização para resolver problemas

Item	Ação	Gravidade (G)	Urgência (U)	Tendência (T)	Soma (∑)	Prioridade
1	Compra de tijolos	4	5	5	14	2
2	Compra de cimento	5	5	5	15	1
3	Contratação de pedreiro	2	4	3	9	3
4	Conserto de carrinho de mão	1	2	1	4	6
5	Limpeza do almoxarifado	1	1	1	3	7
6	Emissão de relatório de desempenho	2	2	2	6	4
7	Reunião com equipe de pedreiros	1	2	2	5	5

Em que:

Ocorrências: G = 1 (baixa gravidade) e G =5 (alta gravidade)

Solução: U = 1 (baixa urgência) e U = 5 (alta urgência)

Situação: T = 1 (não irá piorar se nada for feito) e T = 5 (não irá ficar muito pior se nada for feito)

Diante do exposto, percebe-se que, de acordo com as reclamações, o item que requer maior cuidado e prioridade é a validade do produto, pois ela afeta diretamente a saúde dos consumidores. Em segundo lugar está o estacionamento, pois, não tendo onde estacionar, os clientes procuram outro estabelecimento.

Fique de olho!

Na realização da Matriz de Priorização é importante conhecer termos técnicos como:

» *Follow-up*: diz respeito ao acompanhamento das ordens de serviço, com o objetivo de controle da produção.

» Tempo de atendimento ou *lead-time*: é o tempo gasto entre a ordem de serviço e a sua conclusão.

Vamos recapitular?

Vimos que a estrutura e o organograma de empresas são importantes e variam conforme o porte e a cultura de cada uma. Abordamos a matriz de responsabilidades, que é um documento institucional que demonstra a delegação de responsabilidades. Foi apresentada a descrição dos cargos como ferramenta para o processo de recrutamento, seleção e desenvolvimento de pessoal, bem como foi abordado o treinamento de pessoas (*coaching*). Para que o gestor possa fazer a tomada de decisão baseada em valores financeiros, estudamos a árvore de decisões. Para a administração do processo produtivo foram apresentados o ciclo PDCA, o diagrama Dente de Serra e a curva ABC para estoques.

Agora é com você!

1) Faça a estrutura de uma microempresa, constituída de diretoria, departamento administrativo e departamento de obras.

2) Quando é utilizada a curva ABC, com quais itens do estoque devemos ter mais cuidado em sua conferência?

3) Para algumas das atividades de uma obra é utilizada areia média lavada. Para sua reposição no estoque da obra são necessários de 5 a 15 dias, desde o pedido de compra até sua deposição no canteiro de obras. Em função de sua utilização na obra, sua demanda oscila entre 6 a 20 m^3 por dia. Qual o estoque mínimo que será necessário para manter a produtividade em obra com esse produto?

4) Apresente a descrição de cargo para carpinteiro.

5) O treinamento de indivíduos e das equipes é muito importante. Cite algumas características pessoais importantes que o líder deve ter, para ter sucesso junto a sua equipe.

3

Planilhas Orçamentárias de Obras de Edificações

Para começar

Este capítulo demonstra a importância das planilhas de custos unitários, bem como a influência dos encargos sociais e do BDI. São apresentadas a montagem de planilha orçamentária e a importância do CUB para a construção civil, além de técnicas de precificação.

3.1 Orçamento na construção de edificações

O orçamento é elemento fundamental para o sucesso de qualquer empreendimento. Ele é a previsão de custo de uma obra. Assim, o orçamento deve quantificar insumos como mão de obra, materiais, máquinas, ferramentas e equipamentos, necessários para a realização da obra, seus custos e o tempo que será utilizado na execução de cada serviço.

O orçamento pode ser:

» Por estimativa: é feito para estudar a viabilidade de empreendimentos. É elaborado com base no projeto preliminar de arquitetura. Sua margem de erro é de cerca de 20%.

» Preliminar: é feito para o planejamento inicial da obra. Elaborado com base nos projetos preliminares de arquitetura, de estruturas, de instalações elétricas e de instalações hidráulicas, utiliza os memoriais descritivos, que também estão em fase preliminar. Tem margem de erro de 10%.

» Executivo: é feito para o planejamento inicial da obra. Elaborado com base em todos os projetos e respectivos memoriais descritivos de acabamentos completos, tem margem de erro de 5%.

No caso do orçamento por estimativa, o cálculo do orçamento é obtido pela multiplicação de dois fatores:

» Área equivalente da construção: é a somatória das áreas equivalentes de todos os pavimentos da obra. Deve ser utilizada a NBR-12721/2005 - Critérios para avaliação de custos de construção para incorporação imobiliária e outras disposições para condomínios edilícios - Procedimento - para transformar áreas reais de padrões diferentes em áreas equivalentes correspondentes a um mesmo padrão.

» Custo unitário do metro quadrado de construção: é o custo unitário por metro quadrado, calculado mensalmente pelos Sindicatos da Indústria da Construção Civil de todo o Brasil, denominado CUB - Custo Unitário Básico.

No caso do orçamento preliminar e do orçamento executivo, o cálculo do orçamento é obtido pela multiplicação de dois fatores:

» Planilha de custo unitário: são planilhas que indicam o valor unitário de cada serviço, por meio de apropriação dos insumos utilizados (mão de obra, materiais, máquinas e equipamentos).

» Levantamento quantitativo dos serviços: é a quantidade de serviço necessária para a execução da obra. É obtido com base nos projetos e nos memoriais descritivos.

Goodluz/Shutterstock.com

Figura 3.1 - Profissionais analisando um orçamento. A planilha de custo unitário e o levantamento quantitativo dos serviços são itens verificados sempre.

3.2 Levantamento quantitativo

O levantamento quantitativo tem como objetivo quantificar as quantidades de serviços que existirão na obra. Os serviços a serem executados variam conforme o tipo e o porte de cada obra.

A Tabela 3.1 descreve, de forma genérica, os serviços para a construção de uma edificação.

Tabela 3.1 - Exemplo de serviços em obra de edificação

Ordem	Etapa	Serviço
1	Estudo de viabilidade	Orçamento
		Planejamento
2	Projetos e aprovações	Projeto de arquitetura
		Projeto de fundações
		Projeto de estruturas
		Projeto de instalações hidráulicas
		Projeto de instalações elétricas
		Projeto de instalações especiais
3	Canteiro de obras	Limpeza e destocamento
		Locação topográfica
		Fechamento da obra
		Execução dos barracões de obra
		Instalações hidráulicas provisórias
		Instalações elétricas provisórias
4	Serviços complementares	Conforme cada tipo de obra (exemplo: demolição de construções existentes)
5	Movimento de terra	Nivelamento do terreno
6	Fundações/arrimos	Fundações
		Muros de arrimo
7	Estrutura	Estrutura de concreto armado
		Estrutura de concreto protendido
		Estrutura de aço
		Estrutura de alumínio
		Estrutura de madeira
8	Alvenarias	Alvenaria de fechamento
		Alvenaria armada
9	Revestimentos	Parede – chapisco
		Parede – emboço
		Parede – reboco
		Parede – massa corrida
		Parede – cerâmica
		Piso – nivelamento
		Piso – contrapiso
		Piso – cerâmica
		Piso – pedra
		Piso – madeira

Ordem	Etapa	Serviço
10	Esquadrias e ferragens	Esquadria de aço
		Esquadria de alumínio
		Esquadria de madeira
		Ferragem
11	Vidros	Vidros
12	Aparelhos sanitários e metais	Aparelhos sanitários
		Metais sanitários
13	Pinturas	Tinta acrílica
		Tinta látex
		Tinta óleo
		Tinta epóxi
		Verniz
		Laca
14	Impermeabilizações	Impermeabilização de paredes
		Impermeabilização de lajes
		Impermeabilização de caixas-d'água
15	Instalação elétrica	Instalação elétrica
16	Instalação hidráulica	Instalação hidráulica
17	Instalações especiais	Conforme cada tipo de obra
18	Elevadores	Elevadores
19	Limpeza	Limpeza
20	Desmobilização	Desmonte do canteiro de obras
		Transporte de materiais e equipamentos

Fique de olho!

Muitas empresas não conseguem realizar suas obras porque não fizeram seus orçamentos de forma correta.

É importante apropriar corretamente todos os serviços envolvidos na execução de uma obra, bem como saber seus preços de mercado.

3.3 Encargos sociais sobre a mão de obra

Para fazer um orçamento, é necessário saber quanto irá custar a mão de obra que será utilizada. O custo da mão de obra deverá ser acrescido de um valor denominado encargo social.

Os encargos sociais são pagamentos obrigatórios, exigidos pelas leis trabalhistas e previdenciárias, ou resultante de acordos sindicais, adicionados aos salários dos trabalhadores.

Os encargos sociais são divididos em três níveis:

» encargos básicos e obrigatórios;

» encargos incidentes e reincidentes;

» encargos complementares.

Tabela 3.2 - Demonstrativo dos encargos sociais básicos

	Descrição	Horista (%)	Mensalista (%)
A1	Previdência Social	20,00	20,00
A2	Fundo de Garantia por Tempo de Serviço – FGTS	8,00	8,00
A3	Salário-Educação	2,50	2,50
A4	Serviço Social da Indústria – Sesi	1,50	1,50
A5	Serviço Nacional de Aprendizagem Industrial – Senai	1,00	1,00
A6	Serviço de Apoio à Pequena e Média Empresa – Sebrae	0,60	0,60
A7	Instituto Nacional de Colonização e Reforma Agrária – Incra	0,20	0,20
A8	Seguro Contra Acidentes de Trabalho – INSS	3,00	3,00
A9	Serviço Social da Indústria da Construção e Mobiliário - Seconci	1,00	1,00
A	Total dos Encargos Sociais Básicos	37,80	37,80

Tabela 3.3 - Demonstrativo dos encargos sociais que recebem incidência dos encargos sociais básicos

	Descrição	Horista (%)	Mensalista (%)
B1	Repouso semanal e feriados	22,90	-
B2	Auxílio-enfermidade	0,79	-
B3	Licença-paternidade	0,34	-
B4	13°. Salário	10,57	8,22
B5	Dias de chuva/ falta justificada/ acidente de trabalho	4,57	-
B	Total dos encargos sociais que recebem incidências de A	39,17	8,22

Tabela 3.4 - Demonstrativo dos encargos sociais que não recebem incidência dos encargos sociais básicos

	Descrição	Horista (%)	Mensalista (%)
C1	Depósito por despedida injusta 50% sobre [A2 + (A2 + B)]	5,57	4,33
C2	Férias (indenizadas)	14,06	10,93
C3	Aviso-prévio (indenizado)	13,12	10,20
C	Total dos encargos sociais que não recebem incidências de A	32,74	25,46

Tabela 3.5 - Demonstrativo das taxas das reincidências

	Descrição	Horista (%)	Mensalista (%)
D1	Reincidência de A sobre B	14,81	3,11
D2	Reincidência de A2 sobre C3	1,05	0,82
D	Total das taxas das reincidências	15,86	3,92

Tabela 3.6 - Demonstrativo do subtotal dos encargos sociais básicos e encargos sociais incidentes e reincidentes

	Descrição	Horista (%)	Mensalista (%)
A	Total dos encargos sociais básicos	37,80	37,80
B	Total dos encargos socais que recebem incidências de A	39,17	8,22
C	Total dos encargos socais que não recebem incidências de A	32,74	25,46
D	Total das taxas das reincidências	15,86	3,92
	Subtotal	125,58	75,40

No caso dos custos da mão de obra utilizada nas obras, além das leis sociais básicas, das incidências e reincidências, devem ser acrescidos os encargos complementares, que são diretamente relacionados à mão de obra a ser utilizada.

Os encargos complementares são compostos com o custo do transporte dos trabalhadores (Lei 7.418/85), pelo fornecimento gratuito de EPI - Equipamento de Proteção Individual (NR-6), pelo fornecimento de alimentação e demais ações aprovadas nos dissídios coletivos da categoria nas áreas de atuação da empresa.

Os valores da tabela foram feitos para a cidade de São Paulo, no ano de 2014.

Tabela 3.7 - Encargos sociais complementares

	Descrição	Horista (%)	Mensalista (%)
E1	Vale-transporte (observação 1)	4,40	4,40
E2	Refeição mínima - café da manhã (observação 2)	3,48	3,48
E3	Refeição – almoço (observação 3)	29,64	29,64
E4	Refeição – jantar (observação 4)	-	-
E5	EPI – Equipamento de Proteção Individual (observação 5)	2,00	2,00
E6	Ferramentas manuais (observação 6)	1,00	1,00
E	Total das taxas complementares	40,52	40,52

Observação 1: Vale-Transporte (VT)

Base Legal: Lei 7.418/85 e Decreto 95.247/87

Tarifa média por viagem – C_1 = R$ 3,00

Número de dias trabalhados/mês – N = 26 dias

Salário médio do trabalhador – S = R$ 1.500,00

$$VT = \left[\frac{(2 \times C_1 \times N - 0{,}06 \times S)}{S} \right] \times 100$$

VT = [(2 × 3,00 × 26 – 0,06 × 1500,00) / 1500,00] × 100 = 4,40 %

Observação 2: Refeição Mínima (VC)

Base Legal: Acordo Coletivo de Trabalho - Sinduscon SP

Custo do café da manhã – C_2 = R$ 2,50

Número de dias trabalhados/mês – N = 26 dias

Salário médio do trabalhador – S = R$ 1.500,00

$$VC = \left[\frac{(C_2 \times N - 0{,}033 \times S \times N \times 0{,}01)}{S}\right] \times 100$$

VC = [(2,50 × 26 – 0,033 × 1500,00 × 26 × 0,01) / 1500,00] × 100 = 3,48 %

Observação 3: Refeição – Almoço (VR)

Base Legal: Acordo Coletivo de Trabalho – Sinduscon SP

Custo do almoço – Vale-Refeição – C_3 = R$ 18,00

Número de dias trabalhados/mês – N = 26 dias

Salário médio do trabalhador – S = R$ 1.500,00

$$VR = \left[\frac{(C_3 \times N \times 0{,}95)}{S}\right] \times 100$$

VR = [(18,00 × 26 × 0,95) / 1500] × 100 = 29,64 %

Observação 4: Refeição – Jantar (VR)

Idêntico à observação 3 para os trabalhadores que dormem na obra.

Observação 5: EPI

Base Legal: Art. 166 da CLT e NR-18 da Lei 6.514/77

Custo de cada um dos EPI – P

Fator de utilização do EPI – F

Número de trabalhadores na obra – N

Salário médio do trabalhador – S = R$ 1.500,00

Tempo de permanência do EPI à disposição da obra em meses – t

Vida útil do EPI em meses – VU

$$F = \frac{t}{VU}$$

$$FM = \left[\frac{\frac{(P_1F_1 + P_2F_2 + \ldots + P_nF_n)}{N}}{S} \right] \times 100$$

Será adotado o custo médio mensal estimado por operário – (ΣPF) / N= R$ 30,00

EPI = [30,00 / 1500,00] × 100 = 2,00%

Observação 6: Ferramentas Manuais (FM)

Base Legal: A empresa obriga-se a fornecer as ferramentas manuais necessárias para a execução dos serviços.

Custo de cada uma das ferramentas manuais – P

Fator de utilização das ferramentas manuais - F

Número de trabalhadores na obra – N

Salário médio do trabalhador – S = R$ 1.500,00

Tempo de permanência da ferramenta à disposição da obra em meses – t

Vida útil da ferramenta manual em meses – VU

$$F = \frac{t}{VU}$$

$$FM = \left[\frac{\frac{(P_1F_1 + P_2F_2 + \ldots + P_nF_n)}{N}}{S} \right] \times 100$$

Será adotado o custo médio mensal estimado por operário – (ΣPF) / N= R$ 15,00

EPI = [15,00 / 1500,00] × 100 = 1,00%

O total dos encargos sociais é apresentado na Tabela 3.8.

Tabela 3.8 - Demonstrativo do total dos encargos sociais

	Descrição	Horista (%)	Mensalista (%)
A	Total dos encargos sociais básicos	37,80	37,80
B	Total dos encargos sociais que recebem incidências de A	39,17	8,22

	Descrição	Horista (%)	Mensalista (%)
C	Total dos encargos sociais que não recebem incidências de A	32,74	25,46
D	Total das taxas das reincidências	15,86	3,92
E	Total das taxas complementares	40,52	40,52
E	Total de encargos sociais	166,09	115,92

3.4 Planilha de custo unitário

Como visto, para realizar o orçamento de uma obra é necessário conhecer o orçamento de cada serviço a ser executado. O custo de cada serviço é composto por sua quantificação e os custos da mão de obra, dos insumos e dos equipamentos necessários para sua execução.

Assim, o custo de cada serviço (CS) é determinado por:

$$CS = \Sigma\,(MO + MT + EQ)$$

Em que: MO = custo da mão de obra

MT = custo dos insumos

EQ = custo dos equipamentos

Neste item, vamos conhecer como determinar os custos unitários de produção, que servirão para compor a planilha de custos unitários.

Para a determinação dos custos unitários de produção, deve-se conhecer a produtividade da mão de obra e dos equipamentos, bem como a composição dos insumos que serão utilizados no serviço a ser realizado.

Os custos unitários de cada serviço são determinados em relação às unidades de serviço (m, m^2, m^3, peça, kgf, horas de mão de obra, horas de equipamento etc.).

Para obter índices de produtividade próprios, devem-se realizar apontamentos durante o desenvolvimento dos serviços *in loco* e, posteriormente, fazer um tratamento estatístico. Com isso, é possível ter sob controle o processo orçamentário real da construtora.

Quando a empresa atua em diversas regiões, onde o clima e as culturas são diferentes, podem surgir índices de produtividade diferentes para cada região.

Caso a construtora não possua índices de produtividade próprios, podem-se utilizar valores médios de produtividade, como os apresentados na TCPO – Tabelas de Composições de Preços para Orçamentos, da Editora Pini.

A produtividade (P) é a relação entre a quantidade de serviço realizada (QS) e o tempo (T) necessário para realizá-lo:

$$P = QS / T$$

Exemplo

Cálculo de produtividade em obra

Para executar uma parede de alvenaria de vedação com blocos cerâmicos furados de 9 × 19 × 19 cm (furos horizontais), juntas de 12 mm, com argamassa mista de cimento, cal hidratada e areia sem peneirar traço 1:2:8, com espessura de 19 cm, altura de 2,80 m e comprimento de 14 m, um pedreiro demorou 26 horas.

Em que: Produtividade = Quantidade de serviço / Tempo

Nesse caso, a produtividade do pedreiro foi de: $P = (2{,}80 \text{ m} \times 14{,}00 \text{ m}) / 26 \text{ horas} = 1{,}5 \text{ m}^2 / \text{h}$

A composição de custo unitário geralmente tem os seguintes itens:

- Índice de aplicação de materiais: consumo de cada material utilizado na unidade do serviço.
- Índice de produção da mão de obra: quantas horas de mão de obra são utilizadas na unidade do serviço.
- Índice de aplicação de equipamentos: quantas horas de equipamento são utilizadas na unidade do serviço.
- Custos unitários dos materiais: preço do material na unidade do índice de aplicação.
- Custos unitários da mão de obra: preço da mão de obra por hora.
- Custos horários de equipamentos: preço do equipamento por hora.
- Taxas de encargos sociais: aplicadas sobre a mão de obra.

Composição do custo unitário da mão de obra

O custo unitário da mão de obra $CU_{(MO)}$ é feito em função da produtividade (P) do operário envolvido na execução do serviço e de seu custo horário $CH_{(MO)}$.

$$CU_{(MO)} = P \times CH_{(MO)}$$

Composição do custo unitário de materiais

A composição do custo unitário dos materiais está relacionada à unidade do serviço.

Composição do custo unitário de equipamentos

A composição do custo unitário dos equipamentos está relacionada a sua finalidade:

- pequenos equipamentos ou ferramentas;
- máquinas operatrizes;
- equipamentos de transporte.

As planilhas de custo unitário são instrumentos muito importantes para o orçamento de uma obra. Elas apresentam todos os custos unitários envolvidos:

» mão de obra;

» materiais;

» equipamentos.

A Tabela 3.9 apresenta um exemplo de planilha de custo unitário.

Tabela 3.9 - Exemplo de planilha de custo unitário

Planilha de custo unitário					
Alvenaria de vedação com blocos cerâmicos furados de 9 × 19 × 19 cm furos horizontais), juntas de 12 mm com argamassa mista de cimento, cal hidratada e areia sem peneirar traço 1:2:8, espessura de 19 cm.					Unidade: m^2
Componente	**Unidade**	**Consumo**	**Custo unitário (R$)**		**Custo (R$)**
			Material	**MDO**	
Pedreiro	h	1,50	-	8,00	12,00
Servente	h	1,92	-	6,00	11,95
				Sub-total	23,52
Leis sociais				166,09%	39,06
				(A) TOTAL MDO	62,58
Bloco cerâmico	unidade	51	0,56	-	28,56
Areia lavada tipo média	m^3	0,051	74,00	-	3,77
Cal hidratada	kg	7,644	0,48	-	3,67
Cimento Portland CP II-E-32	kg	7,644	0,44	-	3,36
				(B) TOTAL MAT	39,36
				TOTAL (A + B)	101,94

Fique de olho!

» Consideram-se material e mão de obra para preparo da argamassa, marcação e execução da alvenaria. Excetuam-se serviços de fixação (encunhamento) da alvenaria.

» Perda adotada para os blocos cerâmicos: 5%.

» Perda considerada para a argamassa: 30%.

3.5 Custo unitário básico da construção civil (CUB)

O custo unitário básico (CUB) é o principal indicador do setor da construção civil. Calculado mensalmente pelos Sindicatos da Indústria da Construção Civil de todo o Brasil, é divulgado até o dia 5 de cada mês.

Ele determina o custo global da obra, para fins de cumprimento do estabelecido na lei de incorporação de edificações habitacionais em condomínio, Lei 4.591, de 16 de dezembro de 1964, que assegura aos compradores em potencial um parâmetro de comparação com a realidade dos custos.

A finalidade do CUB é determinar o custo global da obra para fins de cumprimento do estabelecido na lei de incorporação de edificações habitacionais em condomínio, ressaltando que o CUB é um custo/m^2 apenas de orientação para o setor da construção civil: não é nunca o custo real da obra, que só é obtido por meio de um orçamento completo com todas as especificações de cada projeto em estudo ou análise.

Atualmente, a variação percentual mensal do CUB tem servido como mecanismo de reajuste de preços em contratos de compra de apartamentos em construção e até mesmo como índice do setor da construção civil.

George Spade/Shutterstock.com

Figura 3.2 - Edifício em construção. O custo por metro quadrado é uma referência importante para o cliente que deseja comprar um apartamento e para quem deseja vender. Um erro, mesmo que pequeno, na determinação desse valor, em função da grande área envolvida, pode causar desvantagem para uma das partes envolvidas.

Eles são calculados com base nos diversos projetos padrão representativos residenciais (R1, PP4, R8, PIS, R16), comerciais (CAL8, CSL8 e CSL16), galpão industrial (GI) e residência popular (RP1Q), levando-se em consideração os lotes de insumos (materiais e mão de obra), despesas administrativas e equipamento e com os seus respectivos pesos constantes nos quadros da NBR-12.721:2006 da ABNT.

A Tabela 3.10 apresenta os projetos-padrão utilizados para o cálculo do CUB.

Tabela 3.10 - Projetos-padrão utilizados para o cálculo do CUB

Sigla	Tipo	Sigla	Tipo	Pavimentos
R	Residencial Padrão de acabamento: baixo, normal e alto	R-1	Residência Unifamiliar	1
		PP-4	Prédio Popular	4
		R-8	Residência Multifamiliar	8
		R-16	Residência Multifamiliar	16
	Residencial Padrão de acabamento: baixo	PIS	Projeto de Interesse Social	1
	Residência popular 1 quarto	RPQ1	Residência Popular	1
C	Comercial Padrão de acabamento: normal e alto.	CAL8	Comercial Andares Livres	8
		CSL8	Comercial Salas e Lojas	8
		CSL16	Comercial Salas e Lojas	16
GI	Galpão Industrial	GI	Galpão Industrial	1

Assim, os tipos de CUB Residencial previstos na norma atingem 11 especificações. O lote básico de cada projeto é composto de 29 insumos (25 para materiais, 2 para mão de obra, despesa administrativa (engenheiro) e equipamentos (betoneira).

A metodologia de cálculo do CUB se inicia com a coleta de dados. Os salários e preços de materiais e mão de obra, despesas administrativas e equipamentos previstos na NBR-12.721:2006 são obtidos pelo levantamento de informações junto a uma amostra de cerca de 40 empresas da construção. Agindo dessa maneira, o universo da pesquisa se dá sob a ótica do comprador, eliminando uma série de distorções em relação ao fornecimento de dados. Como o indicador a ser calculado refere-se a custo e não a preço, é mais correta a pesquisa junto ao comprador, que no caso são as construtoras, e não junto aos distribuidores ou vendedores.

O resultado obtido pela coleta de dados passa por um tratamento matemático estatístico para pequenas amostras, utilizando a tabela t de Student.

Assim, o cálculo do custo unitário de construção por metro quadrado é a somatória das combinações - preços × pesos dos insumos, para cada especificação. As especificações são classificadas por padrão de acabamento e número de pavimentos.

3.6 Planilhas orçamentárias

As planilhas orçamentárias são planilhas com todos os levantamentos de serviços e seus respectivos custos, para a execução de determinado empreendimento, que pode ser uma construção, reforma ou outros serviços de engenharia.

O levantamento quantitativo dos serviços é feito com base nos projetos executivos (arquitetura, estrutura, fundações, instalações elétricas, instalações hidráulicas e instalações especiais) e respectivos memoriais descritivos.

Os custos dos serviços devem ser determinados nas planilhas de custos unitários.

A Tabela 3.11 apresenta um exemplo de planilha orçamentária.

Tabela 3.11 - Exemplo de planilha orçamentária

Planilha orçamentária						
Item	**Código**	**Descrição dos serviços**	**Unid.**	**Quantidade**	**Preço unitário (R$)**	**Preço total (R$)**
1	**Serviços preliminares**					**662.500,00**
	1.1	Instalação do canteiro de obras	cj	1,00	18.000,00	18.000,00
	1.2	Limpeza e destocamento do terreno	m^2	500	15,00	7.500,00
	1.3	Administração local da obra - despesas fixas	cj	1,00	11.000,00	11.000,00
	1.4	Administração local da obra - despesas diversas	mês	12,00	16.000,00	192.000,00
	1.5	Administração local da obra - pessoal	mês	12,00	36.000,00	432.000,00
	1.6	Placas da obra	m^2	10	200,00	2.000,00
2	**Movimentação de terra**					**645.000,00**
	2.1	Escavação	m^3	32.000,00	10,00	320.000,00
	2.2	Transporte	m^3	32.000,00	5,00	160.000,00
	2.3	Compactação	m^3	32.000,00	5,00	160.000,00
	2.4	Regularização	m^3	5.000,00	1,00	5.000,00
3	**Contenções**					**398.000,00**
	3.1	Alvenaria de bloco estrutural	m^2	1.000,00	100,00	100.000,00
	3.2	Concreto estrutural	m^3	400,00	340,00	136.000,00
	3.3	Fôrma de madeira	m^2	1.000,00	60,00	60.000,00
	3.4	Armadura	kgf	17.000,00	6,00	102.000,00
4	**Drenagem**					**240.000,00**
	4.1	Escavação	m^3	2.000,00	12,00	24.000,00
	4.2	Caixas	und	15	2.000,00	30.000,00
	4.3	Tubulação PVC	m	600	100,00	60.000,00
	4.4	Lastro de brita	m^3	100	85,00	8.500,00
	4.5	Meio-fio de concreto	m	1.500,00	35,00	52.500,00
	4.6	Sarjeta de concreto	m	100,00	650,00	65.000,00
5	**Fundações**					**804.000,00**
	5.1	Estaca	m	2.000,00	300,00	600.000,00
	5.2	Escavação	m^3	160,00	40,00	6.400,00
	5.3	Apiloamento do solo	m^2	80,00	15,00	1.200,00
	5.5	Fôrma do bloco	m^2	400,00	75,00	30.000,00
	5.6	Ferragem do bloco	kgf	3.000,00	8,00	24.000,00
	5.7	Lastro de concreto magro	m^3	80,00	300,00	24.000,00
	5.8	Concreto estrutural	m^3	200,00	500,00	100.000,00
	5.9	Transporte, lançamento e adensamento de concreto	m^3	160,00	35,00	5.600,00
	5.10	Desforma do bloco	m^2	400,00	25,00	10.000,00
	5.11	Reaterro	m^3	80,00	35,00	2.800,00

Planilha orçamentária						
Item	**Código**	**Descrição dos serviços**	**Unid.**	**Quant.**	**Preço unitário (R$)**	**Preço total (R$)**
6	**Estrutura de concreto**					**1.835.350,00**
	6.1	Fôrma	m²	2.000,00	60,00	120.000,00
	6.2	Cimbramento tubular desmontável	m	4.000,00	50,00	200.000,00
	6.3	Armadura	kgf	50.000,00	8,00	400.000,00
	6.4	Concreto estrutural	m³	650,00	500,00	325.000,00
	6.5	Transporte, lançamento, adensamento	m³	650,00	35,00	22.750,00
	6.6	Desforma	m²	2.000,00	30,00	60.000,00
	6.7	Retirada do cimbramento	m	4.000,00	25,00	100.000,00
7	**Estrutura metálica**					**38.850,00**
	7.1	Estrutura	kgf	450,00	13,00	5.850,00
	7.2	Telhas	m²	200,00	125,00	25.000,00
	7.3	Calhas	m	50,00	160,00	8.000,00
8	**Impermeabilização**					**62.650,00**
	8.1	Subsolo	m²	2.500,00	20,00	50.000,00
	8.2	Muros de arrimo	m²	800,00	10,00	8.000,00
	8.3	Vigas baldrames	m²	150,00	31,00	4.650,00
9	**Alvenarias**					**207.500,00**
	9.1	Alvenaria de blocos cerâmicos	m²	4.000,00	50,00	200.000,00
	9.2	Vergas	m³	5,00	1.500,00	7.500,00
10	**Revestimentos interno e externo**					**880.000,00**
	10.1	Chapisco	m²	10.000,00	5,00	50.000,00
	10.2	Emboço	m²	10.000,00	20,00	200.000,00
	10.3	Reboco	m²	10.000,00	25,00	250.000,00
	10.4	Massa corrida	m²	8.000,00	25,00	200.000,00
	10.5	Revestimento cerâmico	m²	2.000,00	90,00	180.000,00
11	**Tetos e forros**					**48.000,00**
	11.1	Chapisco	m²	600,00	10,00	6.000,00
	11.2	Emboço	m²	600,00	20,00	12.000,00
	11.3	Reboco	m²	600,00	25,00	15.000,00
	11.4	Massa corrida	m²	600,00	25,00	15.000,00
12	**Pisos internos**					**897.500,00**
	12.1	Contrapiso de concreto	m²	5.000,00	30,00	150.000,00
	12.2	Piso de concreto	m²	1.000,00	120,00	120.000,00
	12.3	Argamassa de regularização	m²	4.000,00	25,00	100.000,00
	12.4	Piso cerâmico	m²	1.500,00	130,00	195.000,00
	12.5	Rodapé cerâmico	m	1.000,00	30,00	30.000,00
	12.6	Piso de carpete	m²	2.000,00	130,00	260.000,00
	12.7	Cordão de arremate	m	500,00	5,00	2.500,00
	12.8	Piso de pedra	m²	500,00	80,00	40.000,00

Planilha orçamentária						
Item	**Código**	**Descrição dos serviços**	**Unid.**	**Quant.**	**Preço unitário (R$)**	**Preço total (R$)**
13	**Esquadrias de madeira**					**110.000,00**
	13.1	Porta com batente	und	200,00	300,00	60.000,00
	13.2	Fechadura	und	200,00	100,00	20.000,00
	13.3	Dobradiças	und	600,00	50,00	30.000,00
14	**Esquadrias de alumínio**					**25.000,00**
	14.1	Porta	und	10,00	1.500,00	15.000,00
	14.2	Janela	und	20,00	500,00	10.000,00
15	**Esquadrias de ferro**					**137.500,00**
	15.1	Gradil	m^2	50,00	250,00	12.500,00
	15.2	Guarda-corpo	m^2	500,00	250,00	125.000,00
16	**Pintura**					**167.000,00**
	16.1	Muros, paredes e tetos - látex/acrílica	m^2	5.000,00	15,00	75.000,00
	16.2	Esquadrias de ferro - tinta a óleo	m^2	4.000,00	23,00	92.000,00
17	**Vidros**					**107.500,00**
	17.1	Jateado	m^2	5,00	100,00	500,00
	17.2	Temperado	m^2	200,00	350,00	70.000,00
	17.3	Laminado	m^2	100,00	370,00	37.000,00
18	**Aparelhos sanitários / metais**					**94.500,00**
	18.1	Lavatórios	und	50,00	550,00	27.500,00
	18.2	Bacia sanitária	und	50,00	400,00	20.000,00
	18.3	Torneiras	und	100,00	300,00	30.000,00
	18.4	Válvulas	und	100,00	170,00	17.000,00
19	**Instalações elétricas**					**450.000,00**
	19.1	Materiais e mão de obra	und	1,0	450.000,00	450.000,00
20	**Instalações hidráulicas**					**500.000,00**
	20.1	Materiais e mão de obra	und	1,0	500.000,00	500.000,00
21	**Instalações contra incêndio**					**100.000,00**
	21.1	Materiais e mão de obra	und	1,0	100.000,00	100.000,00
22	**Instalações de ar condicionado/ ventilação/ exaustão**					**200.000,00**
	22.1	Materiais e mão de obra	und	1,0	200.000,00	200.000,00
23	**Elevadores**					**800.000,00**
	23.1	Fornecimento e instalação de elevadores	cj	4,0	200.000,00	800.000,00
24	**Diversos**					**110.000,00**
	24.1	Paisagismo e jardinagem	cj	1,0	30.000,00	30.000,00
	24.2	Quadra esportiva	cj	1,0	80.000,00	80.000,00
25	**Limpeza**					**90.000,00**
	25.1	Limpeza final	m^2	15.000,00	6,00	90.000,00
					TOTAL	**9.610.850,00**

* Valores médios de fevereiro de 2014. 5.200 m^2, prédio com 10 pavimentos, 4 elevadores e construção realizada em 12 meses.

A Tabela 3.12 apresenta um exemplo de valores percentuais de cada serviço em obra de edificação.

Tabela 3.12 - Valores percentuais de cada serviço em obra de edificação 3.11

Item	Serviço	Custo (R$)	Porcentagem do total
1	Serviços preliminares	662.500,00	6,89
2	Movimentação de terra	645.000,00	6,71
3	Contenções	398.000,00	4,14
4	Drenagem	240.000,00	2,50
5	Fundações	804.000,00	8,37
6	Estrutura de concreto	1.835.350,00	19,10
7	Estrutura metálica	38.850,00	0,40
8	Impermeabilização	62.650,00	0,65
9	Alvenarias	207.500,00	2,16
10	Revestimentos	880.000,00	9,16
11	Teto e forros	48.000,00	0,50
12	Pisos internos	897.500,00	9,34
13	Esquadrias de madeira	110.000,00	1,14
14	Esquadrias de alumínio	25.000,00	0,26
15	Esquadrias de ferro	137.500,00	1,43
16	Pintura	167.000,00	1,74
17	Vidros	107.500,00	1,12
18	Aparelhos sanitários	94.500,00	0,98
19	Instalações elétricas	450.000,00	4,68
20	Instalações hidráulicas	500.000,00	5,20
21	Incêndio	100.000,00	1,04
22	Ar condicionado	200.000,00	2,08
23	Elevadores	800.000,00	8,32
24	Diversos	110.000,00	1,14
25	Limpeza	90.000,00	0,94
TOTAL		9.610.850,00	100,00

Custo/m^2 = R$ 9.610.850,00/5.200 m^2 = R$ 1.848,24/m^2.

A Figura 3.3 apresenta diferentes esquadrias, itens que podem ser verificados na planilha citada anteriormente. Pode-se perceber uma grande diferença de valores financeiros entre elas.

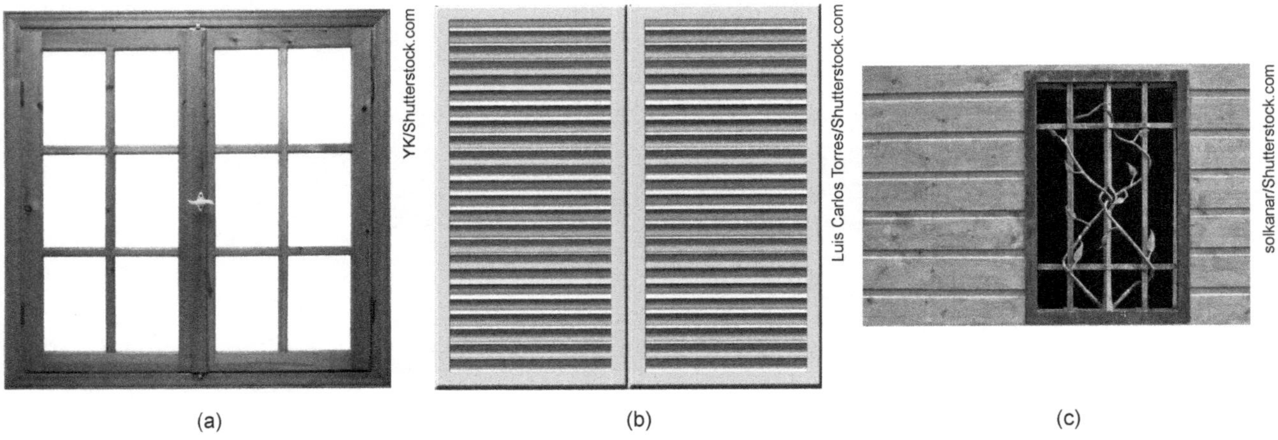

Figura 3.3 - Diferentes tipos de esquadrias: (a) madeira, (b) alumínio e (c) ferro.

3.7 BDI

A sigla BDI significa benefício e despesas indiretas, isto é:

» Benefício: o lucro do construtor na execução da obra;

» Despesas indiretas: são as despesas indiretas do construtor com a execução da obra (encargos financeiros e tributos públicos).

Portanto, o BDI é uma taxa que deve ser adicionada ao custo de uma obra para cobrir as despesas indiretas que tem o construtor, mais o risco do empreendimento, as despesas financeiras que irão acontecer, os tributos incidentes na operação, eventuais despesas de comercialização e o lucro do empreendimento.

Para melhor compreender o BDI, é necessário que se apresentem algumas definições importantes:

» Custos diretos: são todos os gastos envolvidos na produção, isto é, na execução dos serviços da obra:

insumos (mão de obra, materiais e equipamentos);

infraestrutura para a produção (canteiro de obras, administração local etc.).

» Despesas indiretas: são todos os gastos feitos para a comercialização do produto:

administração central da construtora (diretoria, corpo técnico e administrativo; material de papelaria, mobiliário, energias, água, telefone, aluguéis etc.);

gastos financeiros, como juros;

pagamentos de tributos, como taxas e licenças;

gastos de comercialização, como viagens, propostas técnicas, material publicitário etc.

Assim, como visto anteriormente, os insumos presentes nos custos diretos são obtidos a partir de apontamentos da produtividade da mão de obra.

Vamos agora entender como é feito o levantamento dos gastos com a infraestrutura para a produção, que, também, estão presentes nos custos diretos:

» Instalação e desmobilização do canteiro de obras: este item depende do porte de cada obra e de como será sua execução. São itens como:

limpeza e destocamento do terreno;

fechamento da obra (tapume);

edificações provisórias (escritórios da obra, almoxarifados, sanitários, vestiários etc.);

locação da obra;

placas da obra.

» Administração local da obra - pessoal: são despesas com a mão de obra que não está em um único serviço específico. A quantidade e a formação de cada um dependem do porte e do tipo de cada obra. Para a redução desse custo, profissionais como o engenheiro civil e o tecnólogo de edifícios podem ser contabilizados como utilizando uma hora por dia na obra. Eles podem ser:

chefia da obra: engenheiro civil, tecnólogo de edifícios, técnico de edificações, técnico de segurança do trabalho, mestre de obras, estagiários;

encarregados;

pessoal de manutenção de equipamentos;

pessoal de manutenção do canteiro de obras;

almoxarife e kardexista;

apontadores;

vigias da obra;

administrativos do escritório da obra.

» Administração local da obra - despesas fixas: são despesas fixas que ocorrem apenas uma vez ao longo da duração da obra. São itens como seguro e ART – Anotação de Responsabilidade Técnica, feita junto ao Crea.

» Administração local da obra - despesas diversas: são despesas variáveis que ocorrem mensalmente no tempo de duração da obra. Elas são gastos com:

energia, água, telefone;

manutenção de equipamentos;

manutenção do canteiro de obras.

O BDI é calculado pela expressão matemática:

$$BDI(\%) = \left(\frac{DI + B}{CD} \right) x100$$

Em que: DI = despesas indiretas

B = benefício ou lucro

CD = custos diretos

O benefício ou lucro é calculado como uma porcentagem sobre todos os gastos realizados na obra:

$$B = B(\%) \times (CD + DI)$$

O preço de venda do empreendimento é o custo direto da obra acrescido do BDI, e é dado pela expressão matemática:

$$PV = CD\,[1 + BDI(\%)]$$

Em que: PV = preço de venda do empreendimento

CD = custo direto da obra

BDI = benefício e despesas indiretas

Exemplo

Cálculo do preço de venda de um empreendimento

Dados:

Custos Diretos (CD) = R$ 5.000.000,00

Despesas Indiretas (DI) = R$ 1.000.000,00

Lucro (B) = 6% dos gastos totais

Solução

Gastos Totais (GT) = CD + DI = R$ 5.000.000,00 + R$ 1.000.000,00 = R$ 6.000.000,00

Lucro (B) = 6% (GT) = 6% × R$ 6.000.000,00 = R$ 360.000,00

BDI = 100 × (DI + B) / CD = 100 × (R$ 1.000.000,00 + R$ 360.000,00) / R$ 5.000.000,00 = 27,20%

Preço de Venda (PV) = CD [1 + BDI(%)] = R$ 5.000.00,00 [1 + 27,20%] = R$ 6.360.000,00

Fique de olho!

O BDI não é um valor fixo e deve ser calculado para cada obra.

A ordem de grandeza porcentual das despesas indiretas e do lucro em relação aos custos diretos é:

» Administração central da construtora: 5% a 10%.

» Despesas financeiras: 2% a 20%.

» Comercialização: 5% a 15%.

» Lucro: 6% a 12%.

3.8 Precificação

O preço é um dos elementos do composto mercadológico que indica a percepção dos consumidores sobre o produto. O preço é um componente intrínseco ao processo de negócios. Daí a preocupação com a sua administração, uma vez que os resultados financeiros da empresa dependem diretamente dos preços praticados.

No comércio em geral, para a precificação na fase de venda de um produto é utilizada a margem. Ela é uma porcentagem que é acrescida ao valor de um produto já acabado.

A margem deve cobrir todos os gastos como aluguel da loja, comercialização do produto, energia, água, telefone, pessoal, tributos etc. e lucro.

Na construção civil, em geral, o produto deve ser comercializado ainda não produzido, isto é, não é um "produto de prateleira", que está pronto para ser vendido. Por isso, sua precificação é feita com base nos custos diretos e na utilização do BDI.

Assim, embora possamos construir dois prédios idênticos, os gastos envolvidos podem ser diferentes, e, consequentemente, seus preços de venda poderão ser diferentes.

Quando o prédio estiver pronto, as unidades de apartamento que ainda não foram vendidas podem ser tratadas como produtos de prateleira e ter seus preços de venda variados conforme situações de prestígio, como apartamentos de frente ou de fundos, ou andares mais baixos e andares mais altos. Também é possível ter preços variando por localização geográfica.

O preço do empreendimento é afetado por fatores como:

» custos diretos da obra;

» despesas indiretas da construtora;

» estabilização econômica do país;

» legislação envolvida;

» tecnologias construtivas;

» demografia dos consumidores;

» aspectos políticos locais e nacionais;

» aspectos culturais dos consumidores;

» concorrência.

As edificações podem ter seus preços variando em função das características do público-alvo da construção:

» Produtos de consumo em geral: são edificações destinadas aos públicos que fazem compra comparada com relação ao custo e os benefícios de cada empreendimento. Seus preços são relativos à renda dos compradores.

» Produtos de especialidade: são edificações construídas sob demanda, isto é, para públicos específicos. São construções únicas, como prédios com selo verde. Seus preços são mais elevados em função das especialidades construtivas.

- Produtos de luxo: são edificações destinadas às pessoas que estão preocupadas com *status* e demonstração de poder econômico. Têm preços elevados e materiais com alta qualidade de acabamento.
- Produtos de nicho: são edificações destinadas a grupos pequenos de compradores. Elas apresentam características adequadas à cultura e às características de convívio social dos compradores. Os preços dessas edificações tendem a ser altos.
- *Commodities*: são as edificações não diferenciadas, com preços baixos e qualidade razoavelmente aceitável. Nesse grupo estão as edificações de interesse social.

Em termos mercadológicos, cliente é a pessoa que compra, e consumidor é a pessoa que irá utilizar. Assim, o cliente, seja ele consumidor ou comprador, desempenha um forte e decisivo papel na formação dos preços dos empreendimentos, principalmente em mercados competitivos.

Por isso, é muito importante que seja feita uma análise detalhada de seu comportamento, de seus valores e de suas atitudes, para a compreensão dos níveis possíveis de preços a serem praticados pela construtora.

Amplie seus conhecimentos

O BDI deve ser sempre calculado para cada obra. Deve ser esperado que empresas de grande porte tenham grandes valores de BDI. Veja este trabalho que interessante: http://www.iepg.unifei.edu.br/edson/download/ArtAlecioCongCustos05.pdf.

Vamos recapitular?

Vimos a importância das planilhas de custos unitários, bem como a influência dos encargos sociais e do BDI. Foram demonstradas a montagem de planilha orçamentária e a importância do CUB para a construção civil e apresentadas técnicas de precificação.

Agora é com você!

1) O que são encargos sociais?
2) O que é BDI?
3) Quais são os tipos de orçamentos, e quais são suas margens de erro?
4) Calcule o preço de venda de um empreendimento para as seguintes condições:

   Custos Diretos (CD) = R$ 90.000,00

   Despesas Indiretas (DI) = R$ 30.000,00

   Lucro (B) = 5% dos gastos totais

4

Métodos Quantitativos de Controle de Obras de Edificações

Para começar

Este capítulo tem por objetivo apresentar os gráficos de controle para obras de edificações, utilizando métodos de levantamento quantitativos da obra. São introduzidos gráficos de controle como cronograma físico, físico-financeiro, diagrama PERT-COM, histograma de pessoal, histograma de materiais, curva S e curva ABC de atividades.

Para a execução de obras, é necessário planejar a quantidade de recursos que serão demandados. Na fase de planejamento, são determinadas as tecnologias a serem empregadas, bem como os materiais básicos e de acabamento da edificação. Com isso, é possível determinar a quantidade dos recursos financeiros, humanos e materiais para que o empreendimento possa terminar no prazo estipulado em contratos.

Durante a execução da obra, é necessário o acompanhamento do andamento dos serviços, de forma a se identificar possíveis atrasos no cronograma, bem como aumentos do consumo previsto na fase de planejamento.

Por meio do acompanhamento é possível realizar o controle da obra e proceder aos ajustes necessários.

Os gráficos de acompanhamento são:

» cronograma físico;

» cronograma físico-financeiro;
» diagrama PERT-CPM;
» histograma de pessoal;
» histograma de materiais;
» curva S;
» curva ABC de atividades.

A Figura 4.1 apresenta um cronograma físico de atividades da construção civil.

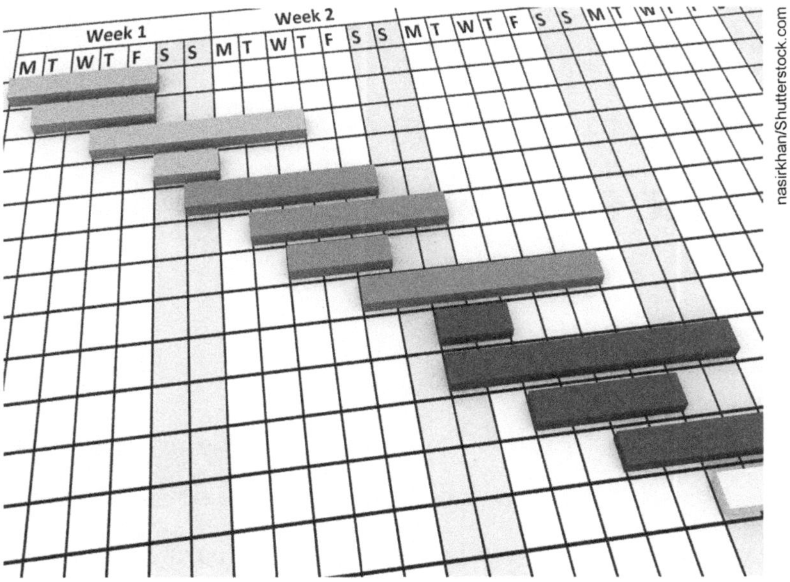

Figura 4.1 - Exemplo de cronograma físico.

Para facilitar a compreensão dos gráficos de controle de obras, vamos utilizar uma pequena quantidade de atividades, descritas na Tabela 4.1.

Tabela 4.1 - Atividades para o estudo dos gráficos de controle de obras

Número	Atividade
1	Locação
2	Alvenaria
3	Cobertura
4	Piso
5	Limpeza

Fique de olho!

O gráfico de controle mais comum nas obras é o cronograma físico, também chamado de gráfico de barras.

4.1 Cronograma físico

Esse cronograma, também chamado gráfico de Gantt, foi elaborado pelo engenheiro mecânico norte-americano Henry Gantt. Em 1903, ele apresentou à ASME (American Society of Mechanical Engineers) um trabalho chamado "*A graphical daily balance in manufacture*" (Um controle gráfico diário de produção), no qual descrevia um método gráfico de acompanhamento dos fluxos de produção. Em 1917, durante o período da Primeira Guerra Mundial, ele desenvolveu esse gráfico para a construção de navios de guerra.

O cronograma físico consiste em um gráfico em que cada atividade é indicada por uma barra horizontal, com seu início e término assinalados, bem como se ela é contínua ou intermitente, Figura 4.2.

A quantidade de atividades varia conforme cada empreendimento, e sua duração é estimada de acordo com os recursos disponíveis.

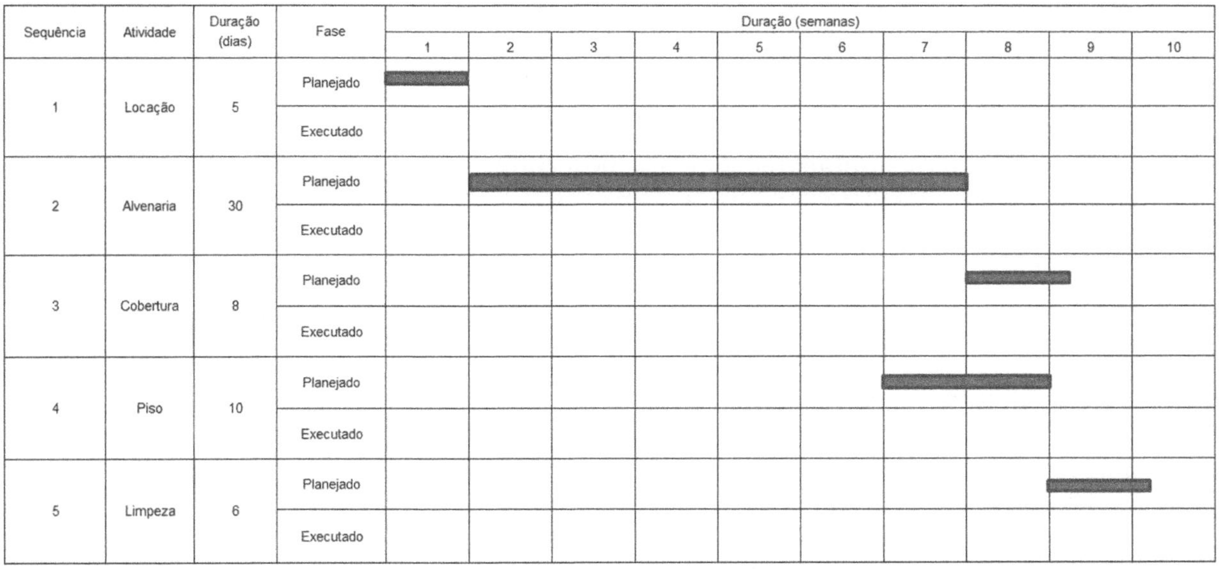

Figura 4.2 - Gráfico físico.

Durante a execução da obra é feita a marcação do serviço executado na linha abaixo de cada atividade.

4.2 Cronograma físico-financeiro

Este cronograma é uma extensão do cronograma de barras. Nele são marcados os gastos financeiros com cada atividade e sua utilização ao longo da duração da atividade. Também são registrados os gastos no período e os gastos acumulados, Figura 4.3.

Sequência	Atividade	Duração (dias)	Fase	Duração (semanas)										Custo Total da Atividade (10^3 x R$)
				1	2	3	4	5	6	7	8	9	10	
1	Locação	5	Planejado	R$10										R$ 10
			Executado											
2	Alvenaria	30	Planejado		R$20	R$20	R$20	R$20	R$20	R$20				R$ 120
			Executado											
3	Cobertura	8	Planejado								R$8	R$2		R$ 10
			Executado											
4	Piso	10	Planejado							R$15	R$15			R$ 30
			Executado											
5	Limpeza	6	Planejado									R$5	R$2	R$ 7
			Executado											
			Custo Total Semanal	R$ 10	R$ 20	R$ 20	R$ 20	R$ 20	R$ 20	R$ 35	R$ 23	R$ 7	R$ 2	R$ 177
			Custo Total Semanal Acumulado	R$ 10	R$ 30	R$ 50	R$ 70	R$ 90	R$ 110	R$ 145	R$ 168	R$ 175	R$ 177	

Figura 4.3 - Gráfico físico-financeiro.

O sucesso dos empreendimentos depende do acompanhamento do gráfico físico-financeiro. Esse gráfico pode ser feito a cada 15 dias ou mensalmente.

Lembre-se

Os custos são estimados na fase de planejamento e são proporcionais às atividades desenvolvidas.

4.3 Diagrama PERT-CPM

O diagrama PERT-CPM (*Program Evaluation and Review Technique - Critical Path Method* ou Técnica de Avaliação e Revisão de Programa - Método do Caminho Crítico) era originalmente dois programas distintos que foram fundidos em um único.

O diagrama PERT-CPM indica quais atividades serão realizadas e quais as precedências que existem entre elas. Com isso, ele permite:

» observar a coerência do planejamento da obra;

» ter uma estimativa da duração da obra;

» saber quais são as atividades críticas para atingir o prazo estimado para a conclusão do empreendimento;

» conhecer as folgas previstas para cada atividade.

A técnica do PERT-CPM consiste em representar todas as atividades de um empreendimento, segundo sua sequência de execução e a dependência entre elas. Para tanto, ela incorpora os seguintes conceitos:

» Evento: é um instante no tempo que marca o início ou o término de uma atividade (não consome recursos).

» Atividade: é tudo que consome recursos (financeiros, humanos, materiais e tempo). As atividades estão sempre entre dois eventos. Uma condição importante dessa técnica é que não pode haver duas atividades diferentes que iniciem e terminem nos mesmos eventos.

» Atividade fantasma: é uma atividade intermediária, cujo prazo de execução é zero. Ela é criada quando uma atividade depende de outras duas, que podem ser iniciadas em um mesmo momento. Assim, ela foi criada para evitar que duas setas iniciem em um evento e terminem em outro.

» Folga: é a diferença entre o intervalo de tempo existente para o início e o término de uma atividade e a sua duração prevista.

» Caminho crítico: é o caminho, desde o início até o final da obra, em que as folgas são nulas. Isso significa que qualquer atraso em uma das atividades presentes no caminho crítico irá gerar atraso na obra.

Fique de olho!

O diagrama PERT-CPM é muito útil para que o gestor da obra possa saber antecipadamente em quais atividades ele poderá ter folga e poder se concentrar nas atividades críticas.

O CPM foi desenvolvido em 1956, pela empresa DuPont, para o planejamento e controle dos seus projetos de engenharia. Ele consiste em uma rede com setas representativas das atividades, Figura 4.4.

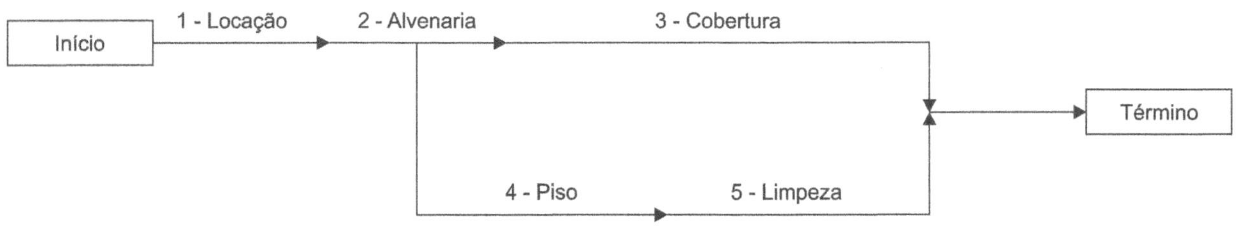

Figura 4.4 - Rede CPM.

O PERT foi desenvolvido em 1957 pela Marinha norte-americana para planejar e controlar a construção do submarino nuclear *Polaris*. Ele consiste em uma rede com setas e nós, representativos das atividades e dos eventos, Figura 4.5.

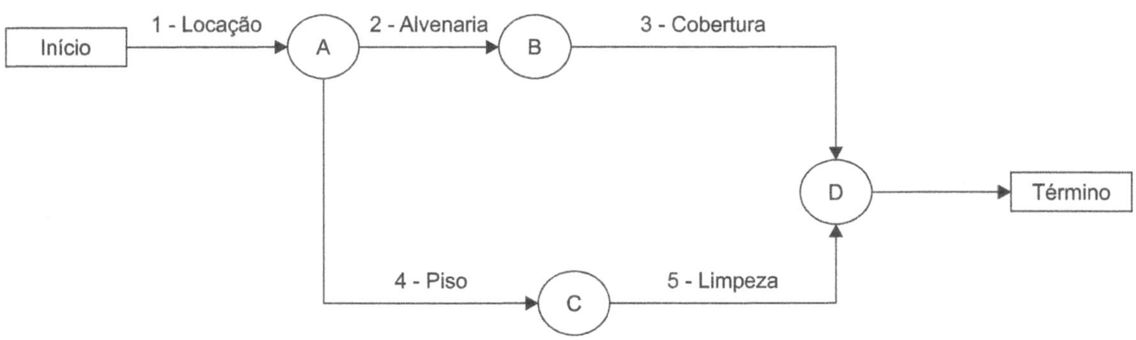

Figura 4.5 - Rede PERT.

O Diagrama de Precedência ou de Blocos foi desenvolvido por Roy, na França, incorporando ambas as técnicas do PERT e do CPM. Consiste em blocos representativos das atividades, ligados por setas que indicam as dependências entre elas, Figura 4.6.

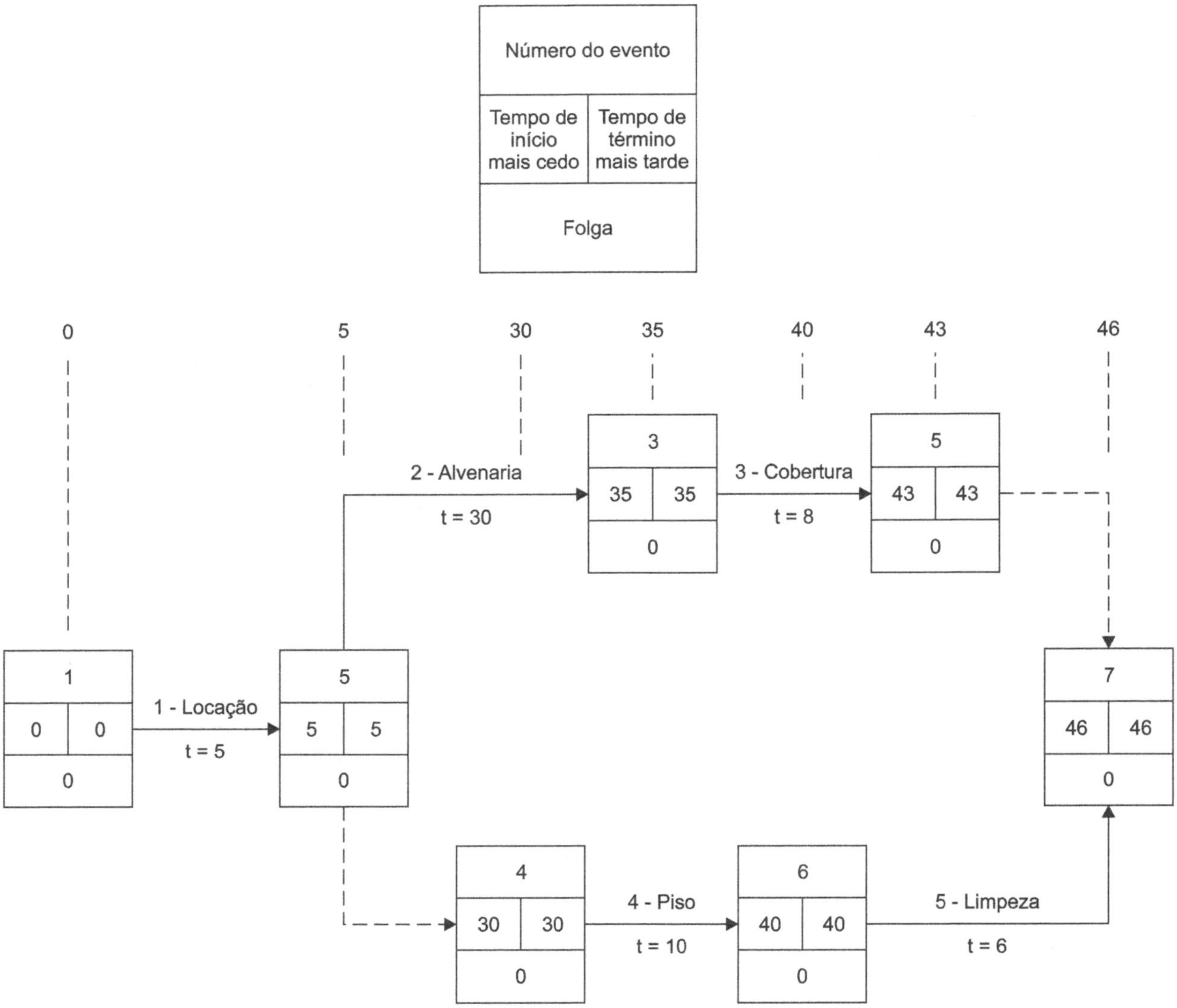

Figura 4.6 - Diagrama de precedência.

Em que: t = duração de cada atividade

O diagrama PERT-CPM deve indicar o caminho crítico, isto é, o caminho em que as folgas são nulas, Figura 4.7.

4.3.1 Definições básicas

4.3.1.1 D (i, j): duração da atividade (i, j)

É o tempo necessário para ir da atividade i para a atividade j.

4.3.1.2 C(i): data de início cedo de um evento i

É o tempo necessário para que o evento seja alcançado, desde que não haja atraso nas atividades antecedentes. Assim,

$$C(j) = \text{máx}\ i\ [C(i) + D(i, j)]$$

Foi convencionado que para o evento inicial da obra, i = 1, o cedo seja nulo, isto é, C(1) = 0.

4.3.1.3 T(j): data de início tarde de um evento j

É a última data de início das atividades que partem desse evento de forma a não atrasar a conclusão do projeto. Assim,

$$T(i) = \min j\ [T(j) - D(i, j)]$$

Foi convencionado que para o último evento da obra, j = n, o tarde seja igual ao cedo desse evento, isto é, T(n) = C(n).

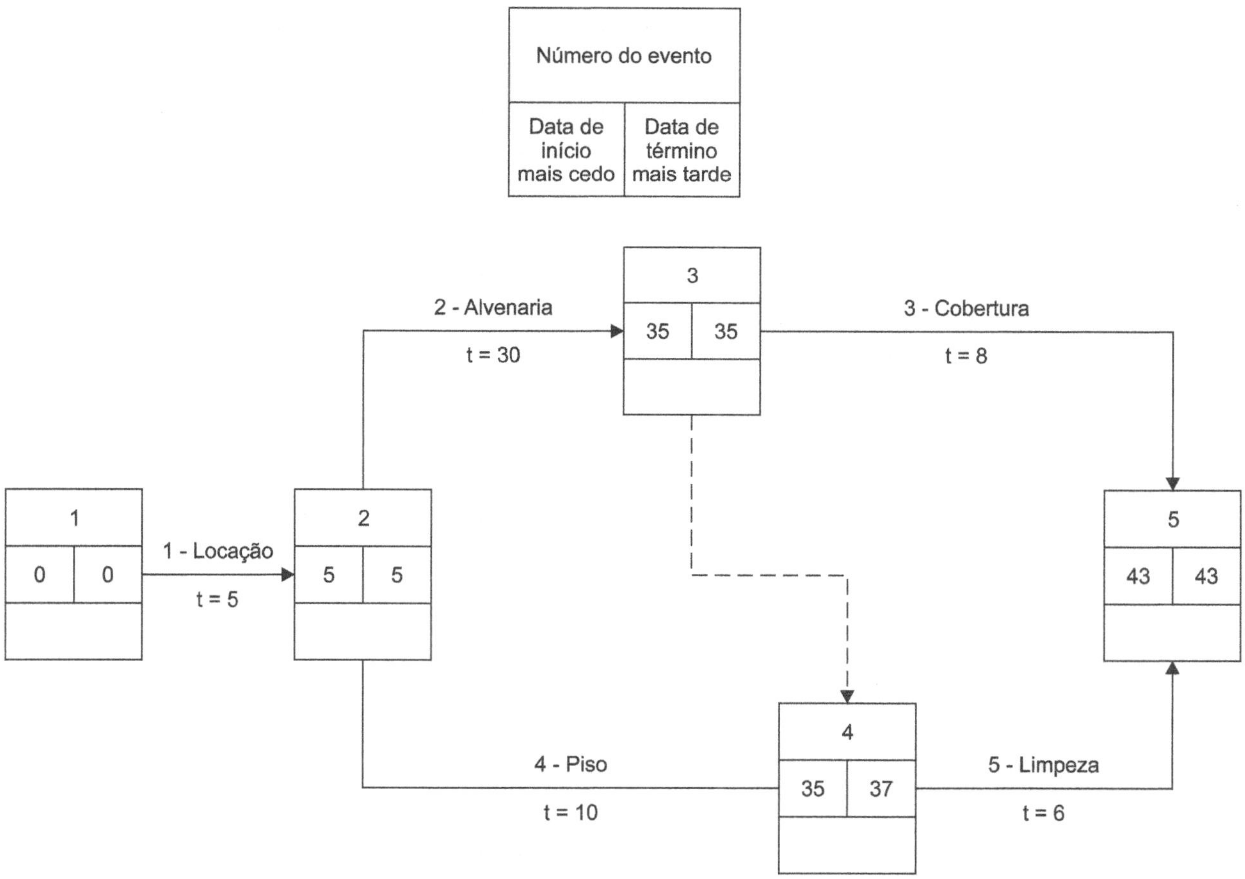

Figura 4.7 - Rede PERT-CPM.

Yabresse/Shutterstock.com

Figura 4.8 - Exemplo de atividade representada por uma rede PERT-CPM.

4.3.2 Cálculo das folgas e do caminho crítico

Algumas atividades podem ser flexíveis em relação ao seu início e término sem que isso signifique atraso no tempo de duração da obra.

As atividades que são rígidas em relação ao seu início e término são denominadas atividades críticas, e a sequência delas é chamada caminho crítico. Assim, caminho crítico é a sequência de atividades que não tem folga para iniciar nem para terminar; é a sequência de maior duração da obra. Sempre há um caminho crítico, podendo haver mais que um.

4.3.3 Datas importantes no diagrama

4.3.3.1 PDI(i, j): primeira data de início

É a data mais cedo que uma atividade pode iniciar, na qual todas as atividades precedentes foram concluídas.

$$PDI(i, j) = C(i)$$

4.3.3.2 UDI(i, j): última data de início

É a data mais tarde que uma atividade pode ser iniciada, sem atrasar a data de conclusão da obra.

$$UDI(i, j) = T(j) - D(i, j)$$

4.3.3.3 PDT(i, j): primeira data de término

É a data mais cedo que uma atividade pode ser concluída, isto é, considera-se que a atividade inicie na PDI(i,j) e tenha sua duração estimada obedecida.

$$PDT(i, j) = C(i) + D(i,j)$$

4.3.3.4 UDT(i, j): última data de término

É a data mais tarde que uma atividade pode ser concluída, sem atrasar a data final de conclusão da obra.

$$UDT(i, j) = T(j)$$

4.3.4 Cálculo das folgas e do caminho crítico

Os tipos de folgas estão representados na Figura 4.9.

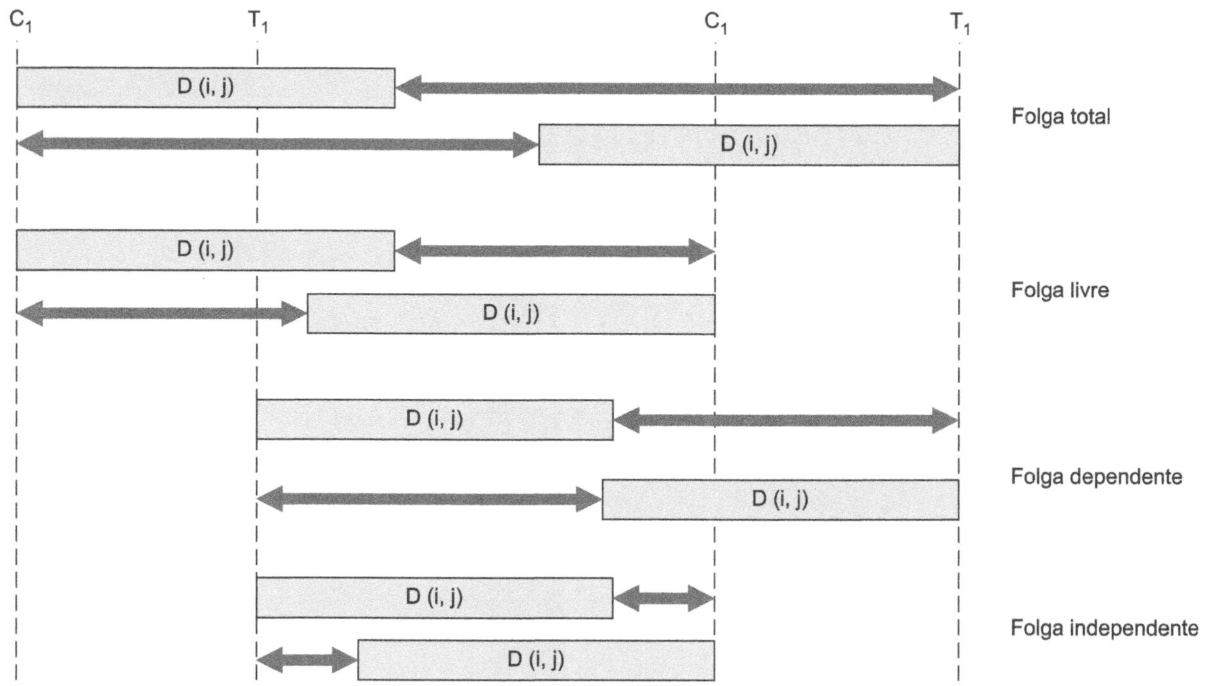

Figura 4.9 - Tipos de folgas.

A Tabela 4.2 apresenta o cálculo das folgas e do caminho crítico para o exemplo.

Tabela 4.2 - Cálculo das folgas e do caminho crítico

Atividade	Duração	Data de início		Data de término		Folga total
		PDI	UDI	PDT	UDT	
1 – Locação	5	0	5 -5 = 0	0 + 5 = 5	5	5 – 5 = 0
2 – Alvenaria	30	0 + 5 = 5	35 – 30 = 5	5 + 30 = 35	35	35 – 35 = 0
3 – Cobertura	8	5 + 30 = 35	43 – 8 = 35	35 + 8 = 43	43	43 – 43 = 0
4 – Piso	10	0 + 5 = 5	37 – 10 = 27	5 + 10 = 15	37	37 – 15 = 22
5 – Limpeza	6	5 + 10 = 15 Não 35	43 – 6 = 37	35 + 6 = 41	43	43 – 41 = 2

Portanto, o caminho crítico são as atividades: Locação – Alvenaria – Cobertura, Figura 4.10.

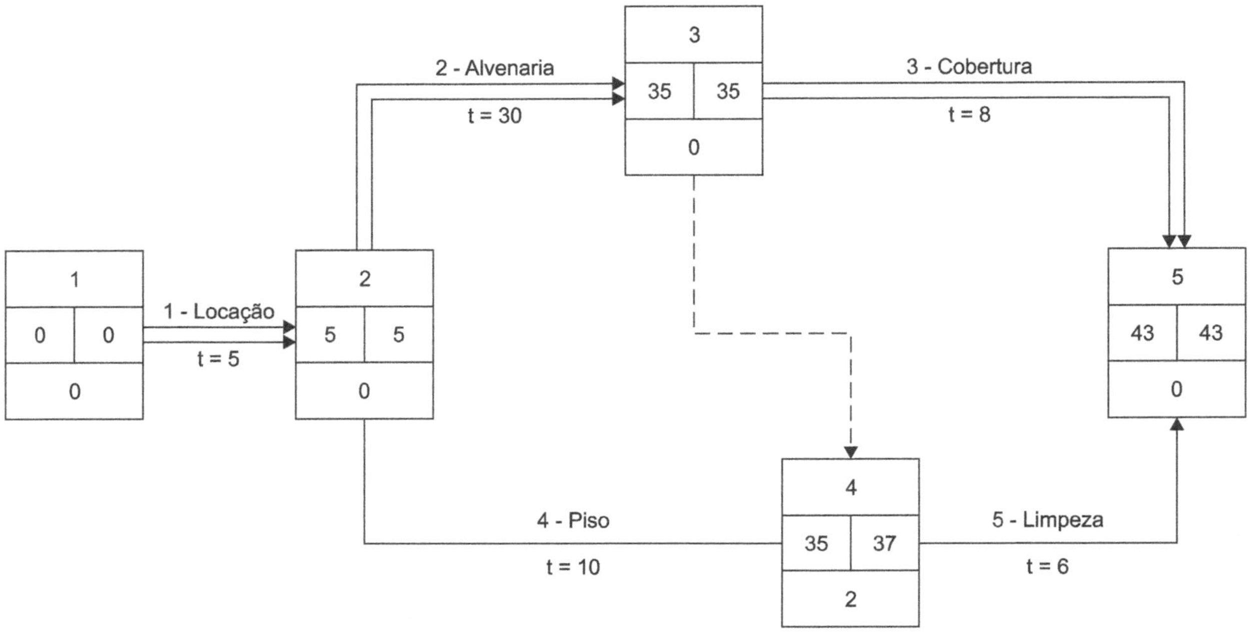

Figura 4.10 - Rede PER-CPM com caminho crítico e folgas indicadas.

4.3.4.1 FT(i, j): folga total

É o atraso máximo que uma atividade pode ter sem alterar a data final de sua conclusão.

$$FT(i, j) = UDT(i, j) - PDT(i, j) = T(j) - [C(i) + D(i, j)]$$

Ou

$$FT(i, j) = UDI(i, j) - PDI(i, j) = [T(j) - D(i, j)] - C(i)$$

Então, a folga de uma atividade é a diferença entre o tempo máximo disponível para executar a atividade e sua duração estimada:

$$FT(i, j) = [T(j) - C(i)] - D(i,j)$$

Fazendo variar o intervalo no qual a atividade deve ser realizada, outras folgas podem ser calculadas, como as que se seguem.

4.3.4.2 FL(i, j): folga livre

É o atraso máximo que uma atividade pode ter sem alterar a data estabelecida como sendo "Cedo" do seu evento final.

$$FL(i, j) = [(C(j) - C(i)] - D(i, j)$$

4.3.4.3 FD(i, j): folga dependente

É o período que se dispõe para a realização da atividade, iniciando-a no "Tarde" do evento final.

$$FD(i, j) = [(T(j) - T(i)] - D(i, j)$$

4.3.4.4 FI(i, j): folga independente

É o período de que se dispõe para a realização da atividade, iniciando-a no "Tarde" do evento inicial e não ultrapassando o "Cedo" do evento final.

$$FI(i, j) = [C(j) - T(i)] - D(i, j)$$

4.4 Histograma de pessoal

O histograma de pessoal é o instrumento útil para o dimensionamento do canteiro de obras, pois apresenta a quantidade de operários que estarão simultaneamente na obra. Seu objetivo é indicar a mão de obra necessária para a execução das atividades previstas.

Como exemplo, para a execução das atividades de uma obra é necessária a mão de obra da Tabela 4.3, e o histograma de pessoal está representado na Figura 4.11.

Tabela 4.3 - Consumo de mão de obra por atividade

Atividade	(P) Pedreiro	(A) Ajudante	(S) Servente	(C) Carpinteiro
1 - Locação	-	1	2	1
2 - Alvenaria	4	2	1	-
3 - Cobertura	-	-	2	4
4 - Piso	2	1	-	-
5 - Limpeza	-	-	3	-

Consumo semanal							A - 12/4	A - 12/4		
							P - 11/4	P - 11/4	S - 20/5	S - 20/5
							P - 10/4	P - 10/4	S - 19/5	S - 19/5
		S - 2/2	S - 2/2	S - 2/2	S - 2/2	S - 2/2	S - 2/2		S - 18/5	S - 18/5
		A - 9/2	A - 9/2	A - 9/2	A - 9/2	A - 9/2	A - 9/2	C - 17/3	C - 17/3	
		A - 1/2	A - 1/2	A - 1/2	A - 1/2	A - 1/2	A - 1/2	C - 16/3	C - 16/3	
	C - 4/1	P - 8/2	P - 8/2	P - 8/2	P - 8/2	P - 8/2	P - 8/2	C - 15/3	C - 15/3	
	S - 3/1	P - 7/2	P - 7/2	P - 7/2	P - 7/2	P - 7/2	P - 7/2	C - 14/3	C - 14/3	
	S - 2/1	P - 6/2	P - 6/2	P - 6/2	P - 6/2	P - 6/2	P - 6/2	S - 13/3	S - 13/3	
	A - 1/1	P - 5/2	P - 5/2	P - 5/2	P - 5/2	P - 5/2	P - 5/2	S - 2/3	S - 2/3	
Semanas	1	2	3	4	5	6	7	8	9	10
Homens – profissão	A - 1 S - 1 C - 1 P ---	A - 2 S - 1 C ---- P - 4	A - 2 S - 1 C ---- P - 4	A - 2 S - 1 C ---- P - 4	A - 2 S - 1 C ---- P - 4	A - 2 S - 1 C ---- P - 4	A - 3 S - 1 C --- P - 6	A - 1 S - 2 C - 4 P - 2	A --- S - 3 C - 6 P ---	A --- S - 3 C --- P ---
Total de homens	4	7	7	7	7	7	10	9	9	3

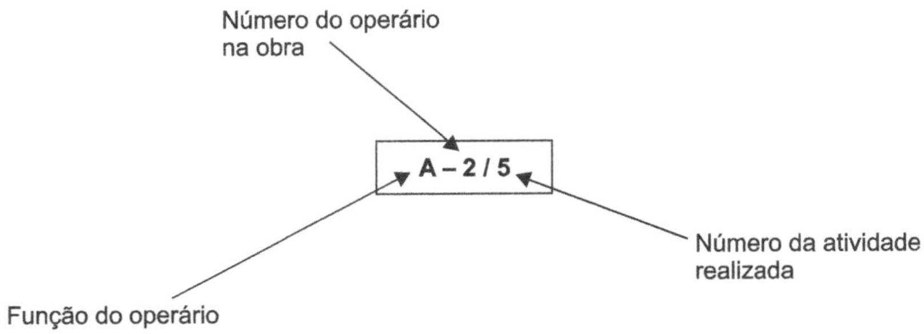

Figura 4.11 - Histograma de pessoal.

O histograma é uma importante ferramenta de gerenciamento que permite prever com antecedência a falta ou a ocorrência de excesso de trabalhadores operacionais. Esses valores extremos podem ser ajustados com pequenas alterações no cronograma físico.

Figura 4.12 - Histograma de mão de obra de construção civil.

Fique de olho!

O total de homens apresentado na última linha do histograma de pessoal serve para dimensionar o canteiro de obras (banheiro, vestiário, refeitório etc.).

4.5 Histograma de materiais

O objetivo do histograma de materiais é indicar a quantidade de material necessária para a execução das atividades previstas, com isso planejando as suas compras e entregas, bem como dimensionando o canteiro de obras.

Como exemplo, para a execução das atividades de uma obra são necessários os materiais da Tabela 4.4. A Figura 4.13 apresenta o histograma de materiais.

Tabela 4.4 - Consumo de materiais por atividade

Atividade	(C) Cimento (sacos 50 kg)	(A) Areia (m^3)	(B) Bloco cerâmico (unidade)	(P) Piso cerâmico (m^2)	(T) Telha (unidade)
1 – Locação	-	-	-	-	-
2 – Alvenaria	120	36	9.000	-	-
3 – Cobertura	5	1	-	-	10.000
4 – Piso	50	6	-	100	-
5 – Limpeza	-	-	-	-	-

Consumo Semanal							C - 25/4 A - 3/4	C - 25/4 A - 3/4		
		C - 20/2 A - 6/2 B - 1.500/2	C - 20/2 A - 6/2 B - 1.500/2	C - 20/2 A - 6/2 B - 1.500/2	C - 20/2 A - 6/2 B - 1.500/2	C - 20/2 A - 6/2 B - 1.500/2	C - 20/2 A - 6/2 B - 1.500/2	C - 25/3 A - 3/3 P - 50/3	C - 25/3 A - 3/3 P - 50/3	
Semanas	1	2	3	4	5	6	7	8	9	10
Materiais	C --- A --- B --- P ---	C - 20 A - 6 B - 1.500 P ---	C - 20 A - 6 B - 1.500 P ---	C - 20 A - 6 B - 1.500 P ---	C - 20 A - 6 B - 1.500 P ---	C - 20 A - 6 B - 1.500 P ---	C - 45 A - 9 B - 1.500 P ---	C - 50 A - 6 B --- P - 50	C - 25 A - 3 B --- P - 50	C --- A --- B --- P ---

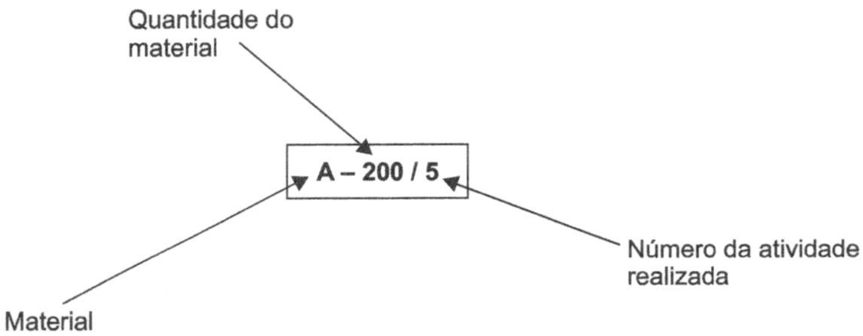

Figura 4.13 - Histograma de materiais.

4.6 Curva S

A curva S, vista na Figura 4.14, é um gráfico elaborado com os valores gastos acumulados ao longo da duração da obra. Ele é importante para se conhecer os gastos acumulados, previstos para cada instante da obra. Os valores são obtidos na última linha do gráfico físico-financeiro, Tabela 4.5.

Tabela 4.5 - Custo total semanal acumulado

Semana	1	2	3	4	5	6	7	8	9	10
Custo total semanal acumulado	R$ 10	R$ 30	R$ 50	R$ 70	R$ 90	R$ 110	R$ 145	R$ 168	R$ 175	R$ 177

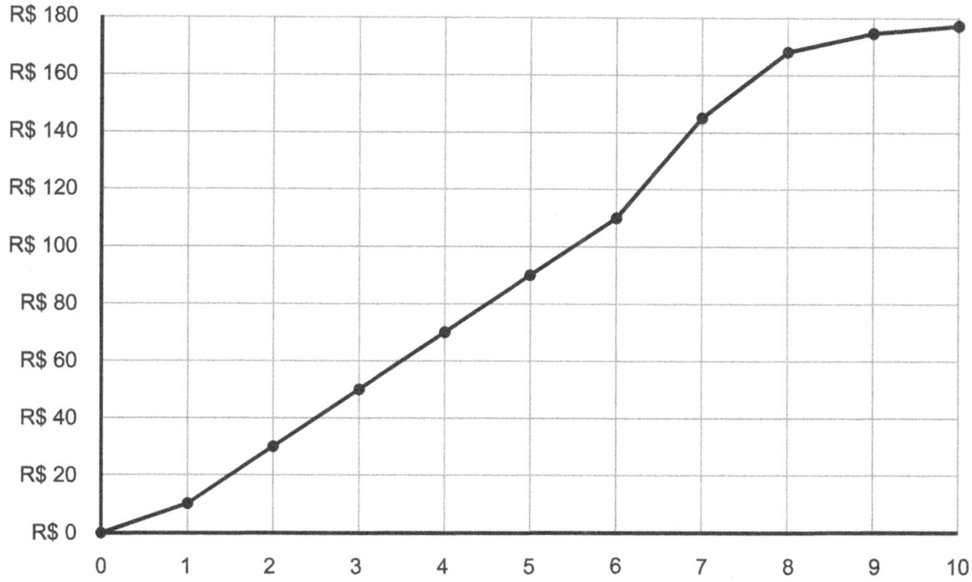

Figura 4.14 - Curva S.

4.7 Curva ABC de atividades

Como visto, a curva ABC é muito útil para o administrador de uma obra, pois permite que ele tenha atenção às atividades mais caras. Em geral, tem-se:

» Região A: 7% das atividades que representam 53% do custo total.

» Região B: 14% das atividades que representam 32% do custo total.

» Região C: 79% das atividades que representam 15% do custo total.

Os custos de cada atividade estão representados na Tabela 4.6.

Tabela 4.6 - Custos de cada atividade

Atividade	Custo (103 × R$)	Porcentagem
1 – Locação	R$ 10	5,65
2 – Alvenaria	R$ 120	67,80
3 – Cobertura	R$ 10	5,65
4 – Piso	R$ 30	16,95
5 – Limpeza	R$ 7	3,95
Total	R$ 177	100

A classificação das atividades em ordem crescente de custos está na Tabela 4.7.

Tabela 4.7 - Classificação das atividades por ordem crescente de custo

Atividade	Custo (103 × R$)	Porcentagem	Porcentagem acumulada	Região
2 – Alvenaria	R$ 120	67,80	67,80	A
4 – Piso	R$ 30	16,95	84,75	B
1 – Locação	R$ 10	5,65	90,40	C
3 – Cobertura	R$ 10	5,65	96,05	C
5 – Limpeza	R$ 7	3,95	100	C

A curva ABC está representada na Figura 4.15.

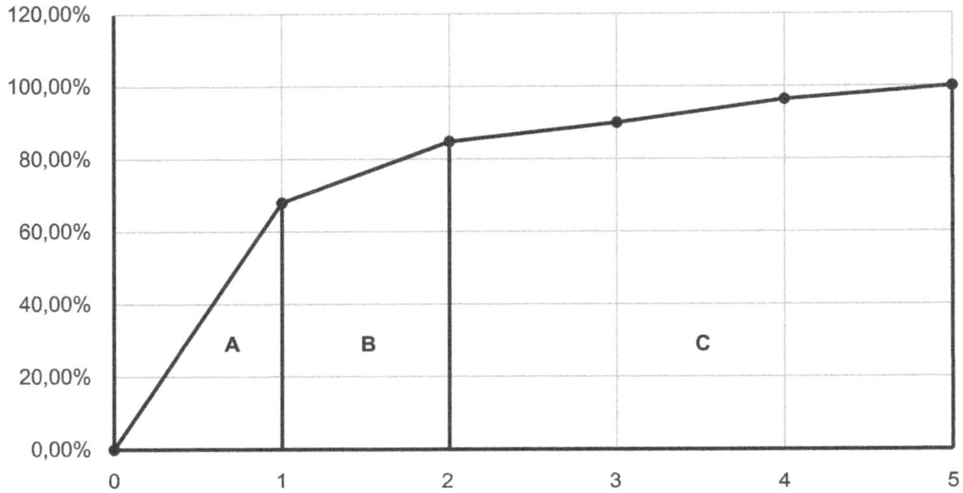

Figura 4.15 - Curva ABC das atividades da obra.

Portanto, por ser a mais cara, deve ser dada especial atenção à atividade número 2 – Alvenaria.

Amplie seus conhecimentos

A curva S apresenta o gasto acumulado da obra. A partir dela podemos saber se estamos consumindo adequadamente os recursos financeiros destinados para a construção do empreendimento. Observe que trabalho interessante: http://pmkb.com.br/wp-content/uploads/2013/08/Aplica%C3%A7%C3%A3o-da-Curva-%E2%80%9CS%E2%80%9D.pdf

Vamos recapitular?

Foram vistos os gráficos de controle para obras de edificações, apresentando métodos de levantamento quantitativos da obra. Foram apresentados gráficos de controle como o cronograma físico, físico-financeiro, diagrama PERT-COM, histograma de pessoal, histograma de materiais, curva S e a curva ABC de atividades.

Agora é com você!

1) Para que serve o histograma de materiais?

2) O que é a curva S?

3) No planejamento de uma obra residencial, foi estimada sua duração em oito meses e, em função do desenvolvimento das atividades planejadas, seus custos totais em cada mês, conforme a tabela a seguir. Construa a curva S relativa ao planejamento deste empreendimento.

Descrição	Mês							
Mês	1	2	3	4	5	6	7	8
Custo Total Mensal ($10^3 \times$ R$)	10	30	50	60	40	30	20	5

4) Uma edificação, na fase de planejamento, teve seu custo total estimado em R$ 107.000,00 (cento e sete mil reais) e o custo de cada atividade estimado conforme a tabela a seguir. Com base nas informações contidas na tabela, construa a curva ABC para as atividades relacionadas.

Número	Atividade	Custo ($10^3 \times$ R$)
1	Limpeza do terreno	2.000,00
2	Canteiro de obras	7.000,00
3	Locação da Obra	3.000,00
4	Fundações	17.000,00
5	Estrutura de concreto	30.000,00
6	Cobertura	4.000,00
7	Alvenaria de elevação	12.000,00
8	Impermeabilização	1.000,00
9	Instalações hidráulicas	8.000,00
10	Instalações elétricas	5.000,00
11	Revestimentos	15.000,00
12	Limpeza final	3.000,00

5

Análise Econômica e Mercadológica de Empreendimentos

Para começar

Este capítulo tem por objetivo apresentar a engenharia econômica e a importância dos juros nos gastos da construção de uma edificação. São apresentados as modalidades de contratos e o estudo de mercadologia, envolvendo as demandas de mercado, as orientações das empresas para ações no mercado, análise do ambiente de negócios, lançamento de novos produtos, mix de comunicação e marketing um a um.

5.1 Engenharia econômica

Os recursos financeiros de uma construtora são fundamentais para a execução das obras de seus empreendimentos. Muitas vezes as construtoras têm que buscar empréstimos financeiros para poder comprar materiais e equipamentos, ou mesmo para pagamento da mão de obra. Assim, para o início de seus empreendimentos, elas devem dispor de capital.

A matemática financeira é a principal ferramenta da engenharia econômica, e é a base para a análise de opções de investimentos.

Qualquer bem que pode ser aplicado na produção é chamado de capital, e seu valor é expresso em unidades monetárias (R$). No caso das aplicações financeiras, o capital no instante da aplicação é chamado de "principal".

A utilização do capital para a construção dos empreendimentos é uma ação de economia diretamente relacionada a sua remuneração, que é denominada juros.

Os juros são o rendimento de um capital em certo período de tempo, expresso em porcentagem. A prática bancária é a dos juros compostos, em que a taxa de juros é aplicada sobre o principal em cada período de capitalização, que, geralmente, é mensal.

O valor final do capital acrescido do valor obtido pelos juros é denominado montante.

A Tabela 5.1 apresenta um exemplo de conta básica para aplicação de juros compostos.

Tabela 5.1 – Exemplo de aplicação de juros compostos em três períodos de capitalização

Período de capitalização (n)	Principal (P)	Juros (i)	Montante (S)
1	P	$P \times i$	$P + P i =$ $P (1 + i)$
2	$P (1 + i)$	$P (1 + i) \times i$	$P (1 + i) + P (1 + i) \times i =$ $P (1 + i + i + i^2) =$ $P (1 + 2i + i^2) =$ $P (1 + i)^2$
3	$P (1 + i)^2$	$P (1 + i)^2 \times i$	$P (1 + i)^2 + P (1 + i)^2 \times i =$ $P (1 + 2i + i^2) + P (1 + 2i + i^2) \times i =$ $P (1 + 2i + i^2 + i + 2i^2 + i^3) =$ $P (1 + i)^3$

Assim, a expressão geral para a determinação do montante após a capitalização é:

$$S = P (1 + i)^n$$

Em que: S = montante

P = principal

i = taxa de juros em porcentagem

n = número de períodos de capitalização

Exemplo

Uma construtora fará um empréstimo de R$ 5.000.000,00 (cinco milhões de reais), à taxa de juros de 2% ao mês, pelo período de dois anos. Qual o valor do montante que ela deverá pagar pelo empréstimo?

Solução

P = R$ 5.000.000,00

i = 2% = 0,02

n = 2 x 12 = 24 meses

$$S = P\,(1 + i)^n = 5.000.000,00\,(1 + 0,02)^{24} = R\$\ 8.042.186,25$$

O valor monetário dos juros compostos, ao final de dois anos, é:

$$R\$\ 8.042.186,25 - R\$\ 5.000.000,00 = R\$\ 3.042.186,25$$

Por isso as construtoras têm que realizar suas obras rapidamente, para que possam saldar os empréstimos contraídos pelo setor financeiro.

A Figura 5.1 apresenta um gráfico de valores financeiros regidos por juros compostos. Perceba o rápido crescimento em um curto intervalo de tempo.

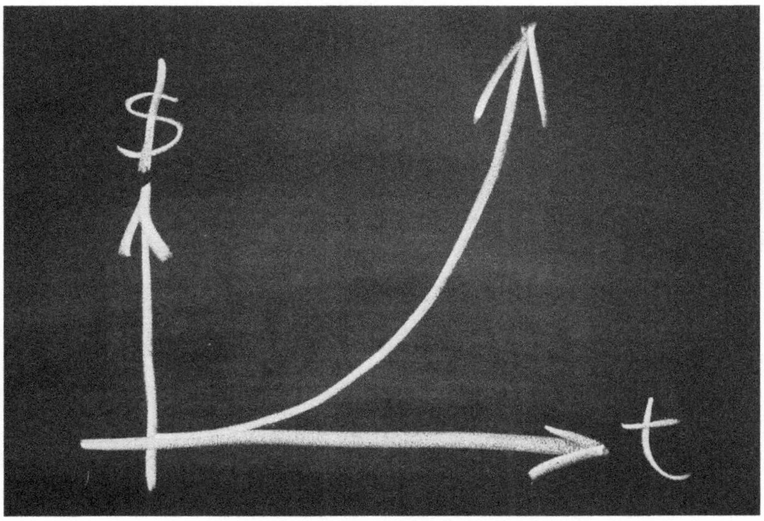

B Calkins/Shutterstock.com

Figura 5.1 - Evolução dos valores financeiros.

5.2 Contratos

A realização dos empreendimentos pelos construtores é uma prestação de serviços que, muitas vezes, é feita a partir de contratos realizados junto às empresas incorporadoras, ou junto aos proprietários dos terrenos.

Os contratos devem ser elaborados conforme a finalidade do acordo entre as partes envolvidas, e deles devem constar:

» as partes envolvidas no contrato;

» o objeto do contrato;

» as obrigações dos envolvidos;

» a remuneração do contratado;

» as formas de cancelamento do contrato;

» o fórum para disputas judiciais.

A Figura 5.2 apresenta a assinatura de um fornecedor junto a uma empresa construtora. É fundamental a formalização de contratos, mesmo para serviços profissionais de pequena monta.

NotarYES/Shutterstock.com

Figura 5.2 - Assinatura de contrato entre partes interessadas.

Conheça agora as diferentes modalidades de contrato.

5.2.1 Contrato por empreitada global ou de preço fechado (*lump sum price*)

Nesse modelo de contrato, o contratado (construtora) assume o valor total da obra, independentemente das quantidades e preços unitários envolvidos nos serviços. Se o valor previsto para a execução de um serviço, ou para a obra toda, for ultrapassado, a construtora irá se responsabilizar pelos custos excedentes, ainda que sua causa seja, por exemplo, o aumento de preço dos insumos (material, mão de obra, energia elétrica, água etc.).

A escolha dessa modalidade de contrato parte do princípio de que a totalidade dos serviços envolvidos na obra é plenamente conhecida. Para isso, deve-se fazer uma análise criteriosa dos documentos executivos da obra (desenhos, memoriais descritivos e executivos, cronogramas e fluxogramas) e quantificar e precificar os serviços com bastante precisão.

Essa modalidade de contrato é comum para construções junto ao serviço público.

Assim, para um contrato de orçamento fechado, devem ser observados:

» o nível de detalhamento dos projetos e suas especificações;

» o comportamento de preços dos insumos no mercado;

» possíveis alterações de projeto durante a execução da obra;

» a viabilidade econômica do empreendimento.

Como vantagens dessa modalidade de contrato estão:

» a maior precisão do preço final do serviço (preço originalmente contratado);

» o incentivo para a antecipação dos prazos;

» a simulação para fixação dos preços de venda, que é mais transparente.

Como desvantagens estão:

» possíveis alterações de contrato causadas por situações não previstas no projeto;

» atrasos causados pela falta de domínio do escopo e de seus prazos;

» contingências que podem aumentar o orçamento original.

Fique de olho!

Uma obra deve terminar no prazo estipulado por diversas razões. Uma delas são os juros bancários.

5.2.2 Contrato por empreitada global a preços unitários

Essa modalidade de contrato não é frequente. Nela o contratado (construtora) assume os preços unitários, bem como suas eventuais variações. Essa modalidade de contrato é aplicável quando se definem a qualidade e o tipo do serviço, porém a quantidade do serviço não é precisa e será verificada durante as medições da obra.

A vantagem dessa modalidade de contrato é a fácil quantificação dos serviços, pois ela é realizada por meio de medições realizadas durante suas execuções.

Como desvantagens tem-se a necessária realização de um rígido controle das horas trabalhadas pelos operários em cada serviço, bem como as situações de renegociação de contrato, no caso de mudanças nas taxas dos encargos sociais.

5.2.3 Contrato por administração ou contrato por preço de custo (*cost plus a percentual fee*)

Nessa modalidade de contrato o contratante (construtor) recebe uma porcentagem dos gastos que foram efetivamente incorridos na obra. Como os preços e as quantidades são variáveis, se houver economia nas quantidades ou nos preços, o contratante (incorporador ou proprietário do terreno) é beneficiado.

A vantagem dessa modalidade de contrato é permitir o início dos serviços sem que haja a completa definição do seu escopo. Essa modalidade é indicada para contratos do tipo "guarda-chuva", em que as decisões têm de ser rápidas e diárias.

Sua desvantagem está em não assegurar ao contratante (incorporador ou proprietário) domínio sobre o preço total da obra, bem como não apresenta incentivo para o contratado (construtora) diminuir os preços e gastos na obra.

5.2.4 Contrato por reembolso dos custos mais uma quantia fixa (cpff - *cost plus a fixed fee*)

Essa modalidade de contrato é, geralmente, utilizada quando não há definição completa do escopo dos serviços. A remuneração da contratada (construtora) é formada por pagamento da parte reembolsável (custos diretos) mais pagamento de uma quantia fixa.

Como vantagens dessa modalidade de contrato estão o estímulo à redução dos prazos de execução, pois o contratado receberá uma quantia fixa, e o favorecimento da contratação de fornecedores comprometidos com sistemas racionalizados e econômicos.

Como desvantagem está a possível redução da qualidade dos serviços para terminar rapidamente a obra.

5.2.5 Contrato por preço máximo garantido

Nesse modelo de contrato, o contratado (construtora) apresenta uma proposta que será utilizada como PMG (Preço Máximo Garantido). Se o PMG for ultrapassado, o contratado assume a diferença. No caso de redução de PMG, as partes compartilham o resultado. Dessa maneira, o contratante (incorporadora ou proprietário) busca assegurar um incentivo ao maior comprometimento da contratada (construtora) com a obra a ser realizada, com estímulo ao desenvolvimento de soluções técnicas e metodologias que propiciem ganhos de produtividade e redução de custos.

Assim, essa modalidade de contrato demanda a cooperação entre o contratante e o contratado, bem como a acurácia no orçamento. Quanto menos detalhados forem os projetos no momento da contratação por PMG, maiores serão os valores pagos aos terceirizados, dada a menor previsibilidade dos riscos embutidos.

Essa modalidade de contrato é similar a um contrato em regime de administração, isto é, os custos dos fornecedores da obra e, na maioria dos casos, da própria empresa construtora são pagos diretamente pelo contratante (incorporadora ou proprietário) ou, então, reembolsados à contratada (construtora).

Como vantagem está a definição precisa do custo total máximo do projeto para o contratante.

5.2.6 Contrato com incentivo

Essa modalidade de contrato é uma variante do contrato por máximo garantido. Nela, se a contratada (construtora) não atingir o teto de homens-hora, recebe como prêmio uma parcela da economia proporcional ao volume de homens-hora não consumidos. Se o teto for ultrapassado, o prejuízo é partilhado com o cliente até certo limite do contrato.

Como vantagem para o contratante (incorporadora ou proprietário), essa modalidade de contrato favorece o término dos serviços de forma mais rápida e a custos mais baixos, por meio de soluções de engenharia especialmente desenvolvidas.

Como desvantagem, é necessário que o cálculo dos custos envolvidos seja muito detalhado e que seja realizado um forte controle na produtividade da mão de obra na execução dos serviços.

Fique de olho!

O instante da negociação do contrato é muito importante e dele pode depender o sucesso da execução do empreendimento.

5.3 Mercadologia

Mercadologia, ou marketing, é um conjunto de princípios e práticas realizados com o objetivo de aumentar o comércio, isto é, a oferta e a procura de produtos.

O sucesso dos empreendimentos, também, depende do estudo dos mercados, isto é, do trabalho de marketing. As ações de marketing visam estimular a procura pelos produtos de uma empresa.

Para melhor conhecer o marketing, são importantes alguns conceitos básicos:

» Consumidor: são as pessoas que vão utilizar o produto. Por exemplo, os membros de uma família são os consumidores de uma residência.

» Cliente: são as pessoas que irão pagar pelo produto. Por exemplo, em uma família os pais podem ser os clientes e seus filhos não.

» Produto: é tudo que pode ser comercializado, seja bem ou serviço. Por exemplo, uma edificação, um projeto de uma edificação ou a construção de uma edificação.

» Bem: é um produto, portanto pode ser comercializado. É tudo cuja propriedade é possível. Pode ser tangível, como uma edificação, ou intangível, como o projeto de uma edificação.

» Serviço: é um produto, portanto também pode ser comercializado. Contudo, não se tem propriedade, como no caso do serviço de construção de uma edificação.

- Mercado: é um conjunto de compradores dos produtos de uma empresa.
- Público-alvo: são as pessoas a quem os produtos são dirigidos.
- Demanda: é a procura dos produtos pelo mercado.

No caso das empresas construtoras de edificações, seus produtos podem ser a própria edificação (bem), ou a construção da edificação (serviço).

A Figura 5.3 apresenta uma casa em miniatura ofertada como um presente. As vantagens de um empreendimento imobiliário devem ser enaltecidas para provocar e estimular a comercialização e a efetivação da compra.

Vadim Georgiev/Shutterstock.com

Figura 5.3 - Marketing imobiliário.

5.3.1 Demandas de mercado

Conforme suas características e influências, os mercados podem ter necessidades diferentes. A demanda dos produtos pode se apresentar das seguintes formas:

5.3.1.1 Demanda negativa

Nesse tipo de demanda, os consumidores não gostam do produto e podem até mesmo estar dispostos a pagar para evitá-lo. Os produtos não são desejados, mas são inevitáveis na maioria das vezes. Por meio do marketing é feita a análise dos motivos da insatisfação, e, a partir daí, desenvolvem-se programas de marketing que consistem no redesenho do produto, preços mais baixos e programa de comunicação, cujo objetivo é mudar as crenças e as atitudes desse mercado. Como exemplo, tem-se os empreendimentos com vista para favelas ou cemitérios.

5.3.1.2 Demanda inexistente

Nessa situação, os consumidores não conhecem o produto, ou não estão interessados nele. O trabalho de marketing é encontrar maneiras de conectar os benefícios dos produtos às necessidades e interesses naturais das pessoas. Como exemplo, tem-se as construções com equipamentos interligados por sistemas sem fio.

5.3.1.3 Demanda latente

Nessa demanda, os consumidores compartilham uma forte necessidade que não pode ser satisfeita por nenhum produto encontrado no mercado. A atividade de marketing será a de avaliar o potencial do mercado e procurar atendê-lo da melhor forma possível. Como exemplo, temos as aplicações de novas tecnologias existentes somente em outros mercados.

5.3.1.4 Demanda em declínio ou declinante

Nessa situação, os consumidores começam a comprar o produto com menos frequência ou deixam de comprá-lo. A atividade de marketing será reverter a situação tentando mudar o produto ou mudar o público-alvo, isto é, tentar realizar ações que revertam a situação. Por exemplo, a redução de interesse na compra de apartamentos em prédios sem área de lazer.

5.3.1.5 Demanda irregular

Esse tipo de demanda ocorre quando as compras dos consumidores são sazonais, ou variam de acordo com o mês, a semana, o dia ou o horário. Caso seja possível, o marketing pode ajustar e promover uma melhor distribuição dessa demanda. Por exemplo, as reformas nas edificações feitas nos períodos de abonos salariais dos consumidores.

5.3.1.6 Demanda plena

Nesse caso os consumidores compram adequadamente todos os produtos colocados no mercado. A empresa tenderá a manter essa demanda no futuro. O setor de marketing deverá acompanhar as tendências do mercado e fazer os ajustes necessários. Por exemplo, a compra de determinados segmentos de produtos como apartamentos de um dormitório.

5.3.1.7 Demanda excessiva

Nessa situação existem mais consumidores interessados em comprar o produto do que produtos disponíveis. Nesse caso, o setor de marketing deverá ajustar a oferta à demanda. Quando possível, poderá desenvolver táticas para desestimular a demanda ou aumentar a oferta. Por exemplo, desestimular a demanda com o aumento do preço dos imóveis ou estimular as compras aumentando a oferta de imóveis.

5.3.1.8 Demanda indesejada

Nesse tipo de demanda, os consumidores se sentem atraídos por produtos que podem ter consequências sociais indesejadas. Por exemplo, a compra de produtos de outras regiões, que não geram trabalho à mão de obra local.

5.3.2 Orientações da empresa para ações no mercado

As empresas construtoras podem ter a seguinte orientação de mercado, Tabela 5.2:

Tabela 5.2 - Quadro-resumo das orientações de mercado

Orientação	Enfoque	Descrição
Produção	Produtos baratos	Produção de bens e serviços. Informar os produtos aos clientes e deixar que eles procurem a empresa.
Produto	Produto de qualidade	Produção de bens e serviços. Informar os produtos aos clientes e deixar que eles procurem a empresa.
Vendas	Vendas	Produção de bens e serviços. Ir até os clientes e levá-los a comprar.
Marketing	Clientes	Saber as necessidades dos clientes antes de produzir os bens e serviços. Oferecê-los aos clientes.
Valor	Valor para o cliente	Entender os clientes, os concorrentes e o ambiente. Criar valor para os clientes.

5.3.2.1 A orientação de produção

Nesse caso, as ações da construtora partem do princípio de que os consumidores dão preferência a produtos fáceis de encontrar e de baixo custo. Essa orientação tem sentido em países em desenvolvimento. É um conceito também utilizado quando uma empresa deseja expandir o mercado.

5.3.2.2 A orientação de produto

Nesse caso, as ações da construtora partem do princípio de que os consumidores dão preferência a produtos que oferecem qualidade e desempenho superiores ou que têm características inovadoras. As organizações que seguem essa linha concentram-se em fabricar produtos de qualidade e em aperfeiçoá-los ao longo do tempo. Porém, um produto novo ou melhorado não será necessariamente bem-sucedido, a menos que tenha preço certo e seja distribuído, promovido e vendido da forma adequada.

5.3.2.3 A orientação para vendas

Nesse caso, a construtora parte do princípio de que os consumidores e as empresas, por vontade própria, normalmente não compram os produtos da organização em quantidade suficiente. A organização deve, portanto, empreender um esforço agressivo em promoção e vendas.

5.3.2.4 A orientação de marketing

Nesse caso, a construtora sai do princípio voltado para o produto, em que o importante é "fazer e vender", e passa para o princípio centrado no cliente, em que o importante é "sentir e responder". Assim, o importante não é mais encontrar o cliente certo para o produto e sim o produto certo para o cliente.

5.3.2.5 A orientação de marketing holístico (valor)

O marketing holístico pode ser visto como o desenvolvimento, o projeto e a implantação de programas, processos e atividades de marketing, com o reconhecimento da amplitude e das interdependências de seus efeitos. Nesse caso, são envolvidos no processo, além dos consumidores, os empregados da construtora, os fornecedores e os concorrentes.

5.3.3 Análise do ambiente de negócios

Antes de preparar a estratégia de marketing, é preciso identificar as forças que impulsionam o mercado e as diferentes incertezas a ele inerentes. Isso é feito por meio da análise SWOT.

A análise SWOT corresponde à avaliação do ambiente interno da construtora (microambiente), isto é, das forças (*strengths*) e fraquezas (*weaknesses*) e do ambiente externo à construtora (macroambiente), isto é, das oportunidades (*opportunities*) e ameaças (*threats*).

5.3.3.1 Microambiente (forças e fraquezas)

O microambiente de uma empresa abrange os elementos que a influenciam diretamente, como:

» empresa;

» fornecedores;

» intermediários;

» clientes;

» concorrentes;

» públicos, que podem ser:

governo;

comunidade financeira, ou seja, todos os bancos que podem fornecer crédito e demais agentes financeiros;

comunidades locais, ou seja, todas as organizações e pessoas que existem na vizinhança da organização (por exemplo, escolas, postos de combustíveis, postos de saúde, comércio, residências etc.);

grupos de pressão, ou seja, os militantes, grupos organizados de pessoas que lutam por uma causa.

5.3.3.2 Macroambiente (oportunidades e ameaças)

O macroambiente de uma empresa abrange o que está além de seu ambiente. Ele é muito complexo, e suas variáveis são:

Forças políticas:

» governo e os sistemas políticos;
» as leis;
» os interesses públicos.

A Figura 5.4 apresenta um importante político falando em nome do governo numa entrevista sobre novas mudanças no mercado imobiliário.

Picsfive/Shutterstock.com

Figura 5.4 - Influência das decisões governamentais.

Forças naturais:

» questões envolvendo a camada de ozônio e as medidas para evitar seu agravamento;
» questões envolvendo a distribuição e a destruição das florestas tropicais e sua respectiva conservação;
» alterações climáticas: chuvas excessivas, falta de chuva, furacões e tornados;
» temperaturas excessivamente altas ou excessivamente baixas;
» extinção de espécies vegetais e animais.

A Figura 5.5 apresenta um parque de recreação infantil alagado por causa de fortes chuvas.

Figura 5.5 - Chuva de forte intensidade.

Forças demográficas:

» redução do número de filhos por família;
» redução do número de membros coabitando o mesmo lar;
» aumento do número de automóveis *per capita*;
» redução do tamanho médio dos lares;
» revisão da distribuição geográfica (urbana e rural).

Forças econômicas:

» crescimento econômico e distribuição de renda;
» efeito acelerador e efeito multiplicador;
» ciclos econômicos;
» competitividade de mercado.

Forças tecnológicas:

» novas tecnologias;
» tecnologias obsoletas.

A Figura 5.6 apresenta a evolução tecnológica de dispositivos de vídeo, telefonia e armazenamento de dados e imagens.

Figura 5.6 - Evolução tecnológica de dispositivos de vídeo, telefonia e armazenamento de dados e imagens.

Forças sociais e culturais:

- lazer e modo de vida das pessoas;
- natureza das relações de trabalho e lucro das organizações;
- contínuas mudanças do equilíbrio entre vida pessoal e trabalho;
- papel da mulher na sociedade em constante ampliação, aproximando-se dos papéis ocupados pelos homens;
- aumento da expectativa de vida e envelhecimento da população que pode implicar na alteração dos sistemas de saúde pública, na alteração do sistema financeiro, na mudança dos hábitos alimentares, da mudança da cultura etc.;
- aumento da preocupação com o meio ambiente, em especial com o aquecimento global;
- revisão da cultura geral, com uma sociedade mais compreensiva das diversidades sociais.

Na Figura 5.7 vemos a contratação de um novo engenheiro para o quadro técnico de uma construtora, o que aumenta a força organizacional.

Figura 5.7 - Contratação de um novo engenheiro.

A figura 5.8 apresenta um resumo das forças atuantes no ambiente de negócios.

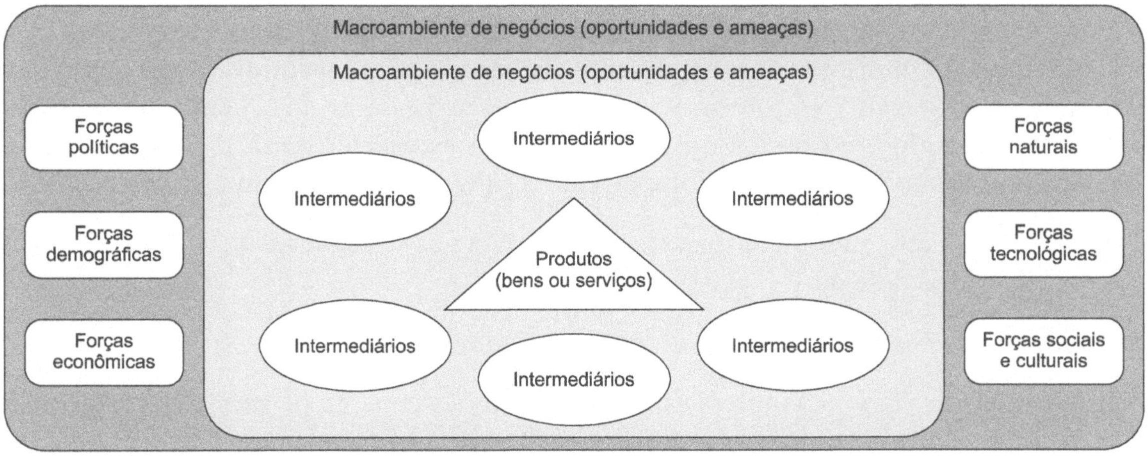

Figura 5.8 - Resumo das forças atuantes no ambiente de negócios.

5.3.4 Lançamento de novos produtos

A competitividade das empresas construtoras depende do desenvolvimento de novos produtos para o mercado imobiliário. Para muitas empresas, desenvolver novos produtos com maior rapidez, maior eficiência e maior efetividade é uma meta competitiva.

Falar em novos produtos para o mercado da construção civil significa estimar os impactos em custos, qualidade, satisfação do consumidor, obtendo, assim, uma vantagem competitiva. Por meio de processos de inovação, as construtoras irão atingir novos mercados e aumentar seu potencial competitivo.

Além dos fatores tradicionais, como custo e qualidade, a influência do tempo é muito importante para o sucesso de novos produtos. O impacto das estratégias do tempo de lançamento no mercado é relevante no sucesso de novos produtos. O enfoque das empresas em atuar sobre os processos empresariais de desenvolvimento de produtos, a fim de aumentar a sua eficiência, é fundamental para a competitividade da empresa.

Para o desenvolvimento de novos produtos, a pesquisa de marketing tem um papel importantíssimo, devendo ser realizada prioritariamente. É por meio da pesquisa de marketing que a empresa irá buscar as informações necessárias para a tomada de decisão, testará os seus novos produtos, identificará ameaças e oportunidades, entre outras ações relacionadas ao seu sucesso.

O processo de decisão de compra do consumidor é composto de cinco etapas:

1) Identificação da necessidade;

2) Busca de informações;

3) Avaliação de alternativas;

4) Compra;

5) Comportamento pós-compra.

O processo de decisão para produtos imobiliários é influenciado pelos estímulos de marketing, introduzidos pelas empresas, por meio de características do produto, preço, comunicação (promoção e propaganda), estímulos do macroambiente (fatores políticos, naturais, demográficos, econômicos, tecnológicos, sociais e culturais) e as características pessoais dos clientes. Esses três fatores - estímulos de marketing, estímulos do macroambiente e características pessoais dos clientes -, influenciando o processo de decisão de compra, irão resultar nas decisões do consumidor.

É muito importante que os construtores identifiquem as necessidades dos consumidores, para poder satisfazer os seus desejos.

Existem oito etapas no processo de desenvolvimento de novos produtos:

1) Geração de ideias: a empresa faz um trabalho sistemático de procurar novas ideias que possam resultar em novos produtos. Geralmente, são geradas muitas ideias, com o objetivo de identificar quais são de fato importantes;

2) Seleção de ideias: nessa etapa será feita uma análise, com o objetivo de identificar quais ideias são boas, descartando as mais fracas;

3) Desenvolvimento e teste de conceitos: nessa etapa as ideias selecionadas serão transformadas em conceitos de produtos. É importante fazer a distinção entre ideia de produto, conceito de produto e imagem de produto. Ideia de produto é uma ideia para um possível produto que a empresa pode vir a oferecer ao mercado. Conceito de produto é uma versão detalhada da ideia apresentada em termos significativos ao consumidor. Imagem de produto é a forma como os consumidores percebem o produto;

4) Desenvolvimento da estratégia de marketing: essa etapa é desenvolvida em três fases. A primeira fase descreve o mercado-alvo, o posicionamento do produto e as metas de vendas, de participação no mercado e de lucros. A segunda parte da definição de estratégia de marketing descreve o preço planejado do produto, sua distribuição (locais em

que serão realizadas as construções) e o orçamento de marketing. A terceira parte da definição da estratégia de marketing descreve o planejamento das vendas, as metas de lucros e a estratégia do mix de marketing;

5) Análise do negócio: nessa etapa, após a empresa decidir qual conceito de produto e qual estratégia de marketing serão adotados, é feita a avaliação da atratividade comercial da proposta. A análise comercial deve incluir o estudo de vendas, custos e projeções de lucros, para saber se eles satisfazem os objetivos da construtora. Se os parâmetros de retorno forem atingidos, o produto poderá passar para o estágio de desenvolvimento. Para estimar as vendas, deve-se analisar o histórico de vendas de produtos semelhantes; realizar pesquisas de opinião; e estimar as vendas mínimas e máximas para que se determine o nível de risco. Então, utilizam-se os dados de vendas e custos para analisar a atratividade financeira do novo produto;

6) Desenvolvimento do produto: nessa etapa a ideia do produto será transformada em um produto funcional. Serão construídas uma ou mais versões físicas do conceito do produto, até ser criado um protótipo que satisfaça e estimule os consumidores e que possa ser produzido rapidamente, dentro dos custos previstos. Quando ficam prontos, os protótipos precisam ser testados. Quando possível, os testes devem ser realizados em ambientes experimentais, de preferência laboratoriais, para verificar se o produto tem um desempenho seguro e eficaz;

7) Teste de mercado: se o produto passar no teste funcional, o próximo passo é o teste de mercado, estágio em que o produto e o programa de marketing são introduzidos em situações de mercado mais realista. Esse teste dá ao profissional de marketing experiência com a comercialização do produto antes de serem assumidas as grandes despesas de um lançamento efetivo. A quantidade de testes de marketing varia conforme o novo produto. Esses testes podem ter custos muito altos e, às vezes, levam tanto tempo que os concorrentes tiram vantagem disso;

8) Comercialização: a introdução do novo produto no mercado pode significar a construção, ou o aluguel, de instalações para a fabricação dos novos produtos. Para as construtoras, é muito importante decidir o momento da introdução do produto no mercado, e onde ele será lançado (em uma única localidade, em uma região, em nível nacional ou em nível internacional).

Com o lançamento de novos produtos a construtora procura a diferenciação, estratégia mercadológica que pode ser atingida por meio de atributos do produto, tais como aparência, qualidade, desempenho, durabilidade, estilo etc.

Outro tipo de diferenciação de mercado pode ser por meio do atendimento, como por exemplo a relação próxima com o cliente, competência, educação, credibilidade e reputação, entre outros. E, finalmente, outra forma seria pela marca, que simboliza a imagem da empresa no mercado.

As empresas que adotam perfis competitivos têm posturas de aprendizagem intensiva, enquanto buscam a identificação de estratégias que maximizem a probabilidade de sobreviver e prosperar, procurando focar suas atividades naquelas que sejam realmente agregadoras de valor, ou seja, nas atividades mais intensivas em conhecimento.

Com a crescente integração dos mercados, os novos agentes econômicos têm afetado o ambiente de negócios das organizações e a competitividade das empresas. Isso significa a obtenção de ganhos contínuos de eficácia em termos de redução de custos, diferenciação de produtos (bens e serviços), inovação tecnológica, entre outros. Isso, também, envolve a capacidade sistêmica de organização das cadeias produtivas, a partir das diferentes formas de coordenação estabelecidas entre os diversos agentes que as constituem.

Assim, no desenvolvimento de novos produtos, são muito importantes a adequada identificação das necessidades dos consumidores, o grau de satisfação dos clientes, o grau de inovação dos produtos e o desempenho de marketing da empresa.

Com o mercado globalizado, as construtoras se veem pressionadas a adotar estratégias competitivas, com novas concepções, ações e atitudes, nas quais produtividade, custo e eficiência se impõem como regras básicas, mas não suficientes, na busca da sua sustentação duradoura no mercado da construção civil.

Devem ser implantadas medidas eficazes para avaliar os índices de oferta e a demanda de novas tecnologias, bem como de gestão das cadeias produtivas. Isso tem sido considerado um grande diferencial competitivo, para dar a certeza dos investimentos, garantindo um sistema de inteligência estratégica para o setor de marketing, de forma descentralizada e com foco no desenvolvimento regional, apto a operar com maiores chances de sucesso e abrangência.

Algumas características do mercado podem explicar a ocorrência de sucesso no lançamento de novos produtos, como, por exemplo:

a) Mercado favorável;

b) Sensibilidade do mercado à propaganda;

c) Sensibilidade do mercado a inovações no produto;

d) Experiências anteriores da empresa bem ou malsucedidas no lançamento de novos produtos;

e) Tradição e força da marca da empresa no mercado;

f) Percepção da qualidade do produto; entre outras.

Quando as empresas pensam em crescimento, lucratividade e longevidade, a inovação de produtos é muito importante. Mas, quando se trata de um novo produto, representa grandes riscos. O maior risco no lançamento de novos produtos está no estágio de introdução no mercado. Essa é fase a mais criticada de todo o processo.

Empresas diferentes adotam diferentes mecanismos de medida dos resultados dos novos produtos, conceituando-os às vezes como insucesso ou como sucesso. O que diferencia uma abordagem da outra são as escalas usadas pelas organizações. Assim, o que pode ser sucesso para uma empresa pode representar insucesso para outra.

Os diversos ramos de atividades estão associados a riscos de diferentes proporções. Ao porte das empresas estão também associados não só riscos diferentes como também expectativas diferentes. De qualquer forma, o importante é notar que existe um risco em lançar novos produtos no mercado, e que ele não é pequeno.

Como visto, as empresas podem reduzir os riscos sabendo os motivos pelos quais esses novos produtos se tornam insucesso. Entre as diversas causas de insucesso podem ser citadas algumas relacionadas à deficiência nas ações de marketing, como por exemplo: análises de mercado deficientes, escolha errada da época de lançamento, falhas em prever antecipadamente a concorrência e baixos esforços de distribuição.

5.3.5 *Mix* de comunicação

O *mix* de comunicação, ou composto de comunicação de marketing, é um conjunto de ferramentas com as quais a empresa transmite ao mercado informações por meio de um ou mais veículos de comunicação. A comunicação é uma arma importante para diferenciar-se da concorrência e expandir os negócios.

As relações de comunicação envolvem o emissor, que normalmente são as empresas ou organizações, e os receptores, que podem ser considerados o público-alvo. Público-alvo é o tipo, ou fração, de público para quem a empresa dirige seus esforços de marketing, visando atender necessidades específicas, ou solucionar problemas.

A comunicação deve levar em consideração os diversos públicos-alvo, pois para cada tipo de grupo deverá ser desenvolvida uma estratégia de ações específicas. O composto de comunicação vem se tornando cada vez mais bilateral, com os clientes, por meio de telemarketing, internet, alguns veículos de comunicação e pesquisas de marketing, tendo acesso à organização. Isso faz com que empresa tenha mais informações sobre seus clientes e os conheça melhor, identificando com mais precisão suas necessidades e seus desejos.

A identificação do público-alvo é importante para a empresa, para que as ações de comunicação se tornem direcionadas a determinada parcela de clientes e possam ser diretas, alcançando seus objetivos de maneira mais eficiente e eficaz.

Durante toda a vida das empresas elas estão realizando comunicações, seja externamente com o mercado, ou internamente com o seu público interno. O importante é fazer com que durante todo o processo comunicativo sejam realizadas interconexões entre esses dois tipos.

Denomina-se endomarketing a realização de ações de marketing voltadas para o público interno da empresa. Sua comunicação é com o público interno, isto é, os funcionários da empresa. Seu objetivo é promover relacionamentos entre os departamentos e os funcionários. Ele deve atrair, motivar e reter os clientes internos, além de desenvolver seu foco para o serviço, e ampliar seu interesse na organização e pelo cliente final. Alcançando esses objetivos, torna-se fácil chegar a resultados eficientes, além de atrair e reter também os clientes externos.

Para atingir os objetivos do endomarketing, a empresa pode utilizar campanhas promocionais, campanhas de motivação, treinamentos e veículos de comunicação, como boletins, jornais, murais e revistas. É necessário avaliar periodicamente os benefícios propiciados por eles, a fim de que tenha um *feedback* que possibilite redirecionar a comunicação de forma mais benéfica para a organização.

A comunicação externa representa as atividades pertinentes ao mercado. São as ações responsáveis por informar, lembrar e persuadir o cliente em favor do produto (bem ou serviço).

A comunicação possui algumas ferramentas que fazem da comunicação um importante elemento dentro do *mix* de marketing. Essas ferramentas são a propaganda, venda pessoal, promoção de vendas, relações-públicas, marketing direto e *merchandising*.

Propaganda

A propaganda é um modo específico de transmitir informações e ideias a respeito de produtos (bens ou serviços), de modo a ser identificado seu patrocinador e cobrado determinado valor pela sua veiculação. O intuito desse esforço é persuadir, convencer e mobilizar a ação do cliente a comprar o produto anunciado.

A propaganda tem um custo relativamente baixo se comparada à quantidade de pessoas que ela atinge. Além do seu alcance, em grande escala a propaganda sugere ao consumidor uma ideia positiva sobre o porte, a popularidade e o sucesso da empresa vendedora. Os produtos assim apresentados transmitem para seus clientes uma impressão mais verdadeira e confiável.

Ela permite que a apresentação dos produtos, ou da marca, possa ser realizada de forma dramatizada, com a utilização dos elementos artísticos visuais, bem como podem criar uma imagem duradoura de um produto, ou promover aumento na velocidade das vendas.

O principal objetivo da propaganda é transmitir uma imagem correta, relacionada ao conteúdo que se deseja transmitir, para que se possa criar uma imagem ou continuar mantendo-a, além de preservar ou aumentar sua aceitação e preferência na mente do consumidor. Quando o objetivo da propaganda é alcançado, percebe-se rapidamente uma resposta com o aumento das vendas.

Entre os tipos mais comuns de propaganda estão aquelas cujo objetivo é criar demanda para os produtos. Existem, também, outros tipos de propaganda, como:

» Propaganda institucional: tem por objetivo divulgar e promover o nome, a imagem da empresa;

» Propaganda pioneira informativa: tem por objetivo desenvolver a demanda de um produto novo no mercado;

» Propaganda persuasiva: tem o objetivo de fazer com que o consumidor seja convencido a preferir determinada marca, independentemente de ser um produto útil ou um supérfluo;

» Propaganda comparativa: nela são realizadas insinuações a respeito da qualidade dos produtos do concorrente para demonstrar sua inferioridade; nesse tipo de propaganda o anunciante expõe as diferenças entre os produtos;

» Propaganda promocional: a veiculação da divulgação do produto é feita em meios de comunicação de massa;

» Propaganda corretiva: tem por finalidade veicular uma nova propaganda a fim de consertar algum tipo de informação errada que foi divulgada na anterior.

As formas mais comuns e utilizadas de mídias para propagandas são rádio, TV, jornais, revistas e internet. As propagandas veiculadas nas rádios fazem com que o consumidor crie uma imagem mental com base no que ouve. A propaganda deve transmitir uma mensagem forte, e possui a vantagem do custo relativamente baixo. O custo da veiculação na televisão é bem mais alto que o do rádio, mas tem a vantagem do maior poder na hora de influenciar pessoas, pois trabalha com sons e imagens, facilitando o entendimento e a memorização da propaganda pelo cliente, além do poder de alcance. Os jornais e revistas dão a liberdade de escolha e delimitação maior do público-alvo, além de sua elaboração e divulgação não serem caras.

Para que seja efetuada uma boa propaganda, é necessário que ela seja orientada para o consumidor. Assim, deve enfatizar todos os benefícios do produto voltados às necessidades dele. A propaganda deve manter apenas uma ideia persuasiva, pois desse modo acaba se tornando mais memorizável. Deve apresentar um benefício específico, uma qualidade, algo que se destaque do concorrente. Deve ser realista e sincera, sem criar ilusões a respeito do produto, pois isso poderia gerar uma imagem negativa da empresa/marca.

Venda pessoal

Ela ocorre quando os funcionários da empresa desenvolvem uma interação pessoal com o cliente. Toda essa interação pode ser realizada de diversas formas, e pode ser pessoalmente, por telefone, fax ou computador.

Uma das grandes vantagens da venda pessoal é que ela possibilita um *feedback*, ou resposta, imediata do cliente, permitindo que a comunicação seja ajustada no momento do atendimento para que sejam satisfeitas as necessidades dos consumidores. Um dos pontos negativos da venda pessoal, no entanto, é o fato de exigir altos custos para sua implementação e manutenção.

Promoção de vendas

Consiste em um conjunto de ferramentas de incentivo, a maioria de curto prazo, projetadas para estimular a compra mais rápida ou em maior quantidade. Além de realizar a divulgação do produto, tem como objetivo acelerar as vendas, manter um contato direto com o público e impedir a ação da concorrência.

A promoção de vendas, geralmente, possui uma duração curta para que gere maior impacto sobre o consumidor. Ela tende a desenvolver o mercado, pois gera maior competitividade. Um de seus pontos fracos é o fato de gerar uma dependência do consumidor em relação aos incentivos e benefícios oferecidos.

As promoções voltadas para vendas visam estimular a compra; a visita ao ponto de venda, atrair novos clientes, além de bloquear a ação da concorrência e aumentar a eficiência e a eficácia da força de vendas. As promoções bem realizadas são capazes de pôr as empresas em evidência.

Relações-públicas

Geralmente para os clientes essa ferramenta apresenta muito mais credibilidade do que muitos anúncios que são realizados. As relações-públicas são as ações que desenvolvem relacionamento com todos os públicos da empresa, visando desenvolver uma boa imagem corporativa, além de uma publicidade positiva.

Na prática das relações-públicas, a mensagem a respeito da empresa chega ao consumidor em forma de notícia, o que faz com que essa técnica alcance aqueles que não gostam de vendedores ou de anúncios. Essa ferramenta pode causar um grande impacto e conscientização do público, com a vantagem de possuir custos muito menores do que os da propaganda.

Nesse tipo de comunicação, a empresa não paga pelo espaço e tempo de mídia. Seus gastos são com uma equipe para desenvolver e divulgar informações e gerenciar eventos.

Uma das importantes ferramentas utilizadas pelas relações-públicas é a notícia. Ela pode surgir de forma natural, ou pode ser sugerida pelos profissionais de relações-públicas, como uma ação ou evento que gere notícias positivas a respeito de seus produtos. Outra ferramenta válida é a ação em eventos especiais, na qual podem ser realizadas entrevistas coletivas, reportagens, anúncios em balões, além de poder contar com atrações com artistas.

Marketing direto

Ele tem a tarefa de realizar as comunicações dirigidas a consumidores individuais. A intenção dessa ferramenta é obter uma resposta imediata e promover relacionamentos duradouros. O marketing direto pode ter os contatos com clientes para a coleta de dados realizados pessoalmente, por telemarketing ou pela internet, a fim de conhecer seus gostos e realizar vendas mais dirigidas.

O marketing direto vem crescendo rapidamente. Um dos motivos desse rápido desenvolvimento é o fato de possuir grandes benefícios tanto para os consumidores quanto para os vendedores. Para os consumidores, facilita de muitas maneiras e torna conveniente as compras, pois eles podem utilizar catálogos de malas diretas e *sites* da web para realizar suas compras, em vez de terem que sair de casa em busca do produto que satisfaça suas necessidades. Outro ponto que tem favorecido o marketing direto é o fato de ser um modo fácil e privativo de realizar suas compras, e dessa forma os clientes não necessitam enfrentar aborrecimentos com as formas de persuasão dos vendedores, além do fato de poderem obter informações sobre produtos sem ter que esperar que os vendedores o façam.

Para os vendedores é uma ferramenta muito eficiente para construir relacionamentos com os clientes. As empresas desenvolvem um banco de dados no qual se identificarão os consumidores em potenciais e lucrativos. Assim desenvolvem relacionamentos mais fortes e interligados com os clientes.

O marketing direto na internet e em outros canais eletrônicos possui muitas vantagens, como diminuição dos custos e a grande velocidade e eficiência. A diminuição dos custos se dá pelo fato de as empresas não precisarem realizar manutenções de uma loja, já que todos os esforços são realizados virtualmente. Ele é bem eficiente quando o cliente está receptivo e cede certa atenção a ele. Sua maior desvantagem é que seu custo final é muito elevado, dessa maneira não pode ser desperdiçado com clientes que não querem recebê-lo.

Merchandising

Dentre todas as ferramentas da comunicação de marketing, o *merchandising* é o que mais se aproxima e interage diretamente com o cliente. O *merchandising* é comumente conceituado, de forma simples, como uma propaganda de ponto de venda. É muito mais dinâmico e acaba fazendo com que o produto se ofereça ao cliente.

O *merchandising* é o estímulo final para que o consumidor decida no momento da compra pelo produto oferecido por aquela empresa e não pela concorrência. Ela é mais comum em lojas de varejo e autosserviço, e tem a intenção de criar impulsos de compra no consumidor. Ele pode existir fora do ponto de venda, como a comunicação por meio de faixas de rua, placas, balão de ar, brindes de efeito multiplicador, bonés, camisetas, sacolas etc.

A principal característica do *merchandising* é a compra por impulso, o que torna latente a necessidade de exposição correta dos produtos. Quando o objetivo é alcançado, o *merchandising* ajuda a aumentar a rentabilidade e a reduzir perdas e desperdícios nos pontos de venda.

Os níveis de comunicação são apresentados na Tabela 5.3.

Tabela 5.3 - Níveis de comunicação

Setor Comunicação	Comercial		Corporativa	
Característica da Comunicação	Comunicação objetiva	Comunicação simbólica	Comunicação objetiva	Comunicação simbólica
Objetivo da Comunicação	Performances do produto	Personalidade da marca	Performances da empresa	Personalidade da empresa
Tipo de Comunicação	Comunicação de produto	Comunicação de marca	Comunicação da empresa	Comunicação institucional
Mensagem	Características objetivas do produto	Posicionamento da marca no mercado	Performances econômicas, técnicas, sociais etc. da empresa	Os valores da empresa (identidade, cultura, valores)

5.3.6 Marketing um a um

O marketing *one to one* (O2O) é uma ferramenta que consiste em contatos diretos, que ocorrem individualmente entre a empresa e um cliente (ou grupo de clientes com necessidades idênticas).

Assim, o marketing O2O tem base no relacionamento e deve ser utilizado para conseguir uma relação personalizada com os clientes, de forma a conhecê-los o suficiente para poder oferecer a cada categoria os bens e serviços mais adequados. Essa ferramenta é fundamental na fidelização, contribuindo para a maximização da receita média por cliente, ou ARPU (*Average Revenue Per User*).

As ações desenvolvidas no marketing O2O visam à satisfação das necessidades do consumidor, constituindo a base para a criação de uma relação duradoura, na conquista da sua confiança e lealdade à marca.

Como visto, o marketing O2O é voltado para o cliente individual, e baseia-se na ideia de uma empresa conhecer seu cliente. Por meio de interações com esse cliente, a empresa pode aprender como ele deseja ser tratado. Assim, a empresa torna-se capaz de tratá-lo de maneira diferente dos demais. No entanto, o marketing *one to one* não significa que cada necessidade única do cliente deva ser tratada de maneira exclusiva. Em vez disso, significa que cada cliente tem uma colaboração direta na maneira como a empresa se comporta com relação a ele.

A empresa deve desenvolver uma relação personalizada, de maneira que seja cada vez mais conveniente que o cliente siga fazendo negócio com a empresa e que seja mais inconveniente mudar para o concorrente.

A empresa deve se preocupar em fornecer os produtos que satisfaçam essa necessidade, que, do ponto de vista do cliente, será uma casualidade. Dessa maneira, deve-se identificar a ocorrência de eventos que determinam mudanças nas necessidades, sendo fundamental a participação, cada vez maior, na vida dos clientes.

É muito caro e trabalhoso transformar uma empresa para *one to one*, bem como não é possível para todos os clientes e sim para os melhores, os de melhor valor e de maior potencial. Para os que não têm esse perfil, deve-se continuar usando uma abordagem convencional. Assim, a empresa deve se preocupar em proteger os seus melhores clientes dos outros e do restante da organização, não os deixando expostos às iniciativas de marketing de massa.

A partir do conhecimento do cliente e de qual é o valor que ele tem na história do seu relacionamento com a empresa, é possível estabelecer níveis de relacionamento, distinguindo-se os melhores clientes dos demais.

Amplie seus conhecimentos

Os contratos devem ser juridicamente corretos. Procure a orientação de um advogado para realizar um contrato de prestação de serviços. Para saber mais veja:
http://www.ambitojuridico.com.br/site/?n_link=revista_artigos_leitura&artigo_id=11207&revista_caderno=13

Vamos recapitular?

Foram vistas a engenharia econômica e a importância dos juros nos gastos da construção de uma edificação. Foram apresentadas as modalidades de contratos e estudo de mercadologia, envolvendo as demandas de mercado, as orientações das empresas para ações no mercado, análise do ambiente de negócios, lançamento de novos produtos, *mix* de comunicação, relações-públicas, *merchandising* e marketing um a um.

Agora é com você!

1) O que são juros?

2) O que é mercadologia?

3) Uma construtora fará um empréstimo de R$ 150.000,00 (cento e cinquenta mil reais) à taxa de juros de 2% ao mês, pelo período de um ano. Qual o valor do montante que ela deverá pagar pelo empréstimo?

4) A realização dos empreendimentos pelos construtores é uma prestação de serviços que, muitas vezes, é feita a partir de contratos realizados junto às empresas incorporadoras, ou junto aos proprietários dos terrenos. Cite os itens que devem constar em um contrato.

Bibliografia

BERTAGLIA, Paulo R. **Logística e Gerenciamento da Cadeia de Abastecimento**. São Paulo: Saraiva, 2009.

CAMPOS FILHO, Ademar. **Matemática Financeira**. 2. ed. São Paulo: Atlas, 2001.

CHIAVENATO, Idalberto. **Administração nos Novos Tempos**. 3. ed. Barueri: Manole, 2014.

DIAS, Sérgio R. (coord.). **Gestão de Marketing**. São Paulo: Saraiva, 2006.

HALPIN, Daniel W.; WOODHEAD, Ronald W. **Administração da Construção Civil**. 2. ed. Rio de Janeiro: LTC, 2004.

JACQUES, Ian. **Matemática para Economia e Administração**. 6. ed. São Paulo: Pearson, 2010.

KOTLER, Philip. **Administração de Marketing**. 10. ed. São Paulo: Pearson, 2000.

___________; ARMSTRONG, Gary. **Princípios de Marketing**. São Paulo: Pearson, 2007.

LARA, Francisco de A. **Manual de Propostas Técnicas**. São Paulo: Pini, 1994.

PILÃO, Nivaldo E.; HUMMEL, Paulo R. V. **Matemática Financeira e Engenharia Econômica**. São Paulo: Cengage Learning, 2012.

YANAZE, Mitsuru H. **Gestão de Marketing e Comunicação**. 2. ed. São Paulo: Saraiva, 2011.